U0206932

九
色
鹿

DOING FIELDWORK WITH ANTHROPOLOGISTS

与人类学家同行

张经纬 著

社会科学文献出版社
SOCIAL SCIENCES ACADEMIC PRESS (CHINA)

如何写好人类学书评

告别人类学书评人

我记得是2010年的11月22日,《南方都市报·阅读周刊》的一位编辑，在豆瓣网上给我发来“豆邮”。原来，他凭着一年前出版的《石器时代经济学》一书，顺藤摸瓜找到了我。他看中我的人类学背景，提到当时市面上人类学书籍出版的势头已经日趋显露，但是对于大众来说，人类学这一学科本身及其背后丰富的人文知识，仍稍显陌生。于是，打算请我定期为《阅读周刊》写一些评述人类学最近作品的通俗文章。

这个邀请，正中我的下怀。向公众推广人类学是我长期以来就有的想法。当时我刚与北大·培文书系定下合约，即将开始人类学入门级教材《远逝的天堂》《改变人类学》《人类学入门：像人类学家一样思考》为期两年的翻译计划。此时的国内人类学界，每年已有一定数量作品出版，但始终没有专业的推荐渠道，让人类学爱好者和专业人士尽快知悉。所以，在译介新知之余，开拓另一条受众更广渠道的契机，与我的想法不谋而合。

这番诚挚的邀约，给我很大鼓舞。编辑随即推荐了当时社会科学文献出版社最新推出的《娘家与婆家——华北农村妇女的生活空间和后台权力》一书，我后来完成的《闺女·媳妇·婆婆》（致敬了20世纪90年代末热播的上海市民题材连续剧《婆婆媳妇小姑》），便成为我“书评人”事业中的第一篇半命题作文，从此开启了我独特鬻文生涯的第一阶段。而本书（及姊妹篇《从考古发现中国》）同样得到社会科学文献出版社·九色鹿品牌的青睐，冥冥之中或许也是对许多年前这段缘分的一个回应。

掐指算来，我被贴上“书评人”这个标签已经过去近十年。作为一个不太勤奋的书评人，我只能交出一份不足百篇的成绩单（平均每年不足10篇），实属惨淡。幸运的是，与我先后结识并发展了深厚友谊的诸位编辑友人待我极为宽容，任我在人类学这条小径上自由漫行。但这种厚待并没有助长我的止步不前，反让我能将所有精力投入人类学这一主题。最终令我在这一片热爱的天地中，越走越宽，守得云开见日来。

我的书评人生涯大致可以分为两个阶段，从2010年到2014年，《南方都市报·阅读周刊》是我最主要的发表阵地，《中国图书评论》自2013年起不定期向我约稿。从2014年12月以后，我参加了南方都市报召集的书评人年会，由此稿约拓宽，开始向《南方都市报周刊》《东方早报·上海书评》及《新京报·书评周刊》供稿。

后一阶段又以2015年作为节点，是年我收获了“华文领读者大奖”颁发的“书评人奖”，使我产生了一种“功成身退”的感觉。加之忙于拙作《四夷居中国：东亚大陆人类简史》一书的修改工作，让我的书评事业初显滑坡。只不过，此后仍邀约不绝，让我继续将书评人这块牌子勉力支撑。

时间转眼四年，在过去的 2018 年中，我仅为本尼迪克特·安德森的《椰壳碗外的人生》完成一篇书评，这算是过去十年里我的书评产量最低的一年。随着我的写作方向朝着原创研究转变，这也同样算是我淡出书评领域的一年。

不论出于总结，还是出于新的开始，我都觉得有必要，为我独特的人类学书评人身份留下一点特殊的纪念。毕竟，正是这些带有人类学标签的书评，回报我颇有诚意的稿酬，给我自发的田野调查提供了自给自足的资金支持。同时，这些书评也拉近了我和出版社、媒体之间的联系，让我从出版社寄来的新书中，始终获悉国内外人类学出版的最新成果。而这些不间断的书评写作，也让我的笔触不致干涸，得以继续耕耘在人类学这一方天地。

虽然我的人类学事业将进入下一个全新阶段，但我依然希望有更多人类学专业的师生或爱好者，能加入书评写作的工作中来，为后来者传递薪火，为初学者引领前行。而这，就是我在本书中将那些散落各家媒体的书评集合起来，编为一本以人类学为主的评论集的初衷。无论“道阻且长”，那些人类学著作中品读的点点滴滴，都将成为我们前进之路上脚下的不朽基石。

了解整个人类学

书评作为一种独特的载体，游走在学术体系的边缘，有人认为它无足轻重，毕竟书评需要依附于原创作品而存在，而且它也不被任何成果体系收录。然而，书评和一篇学术论文相比，读者却百倍于后者，在很多时候，书评甚至是了解一本著作的窗口。而人类学作为一门闻者甚少的学科，书评更是肩负向公众普及学科知识的重任。确切地说，书评是搭建在象牙塔与公共领域之间重要的桥梁。

写作一篇有趣的人类学书评，既简单，也没有那么简单。我们首先需要做的第一步，就是了解人类学。没错，了解整个人类学。

人类学作为一个学科，具有它的核心问题，那就是，我们究竟能否理解他者的文化。人类学史上所有的研究，都或多或少地围绕这个问题，做出回应，进行回答。因为这源自一个根本性的问题，世界上所有的人类成员，都是源自同一祖先，因而天然具有平等的地位，以及对人类文化共有的理解方式（我们之所以拥有如此众多不同的文化表达方式，只因我们身处地表不同的生态环境）。

历史上以及今天的人类学家都试图解开这个难题，他们最后归为两个不同阵营，认为文化之间可以无碍理解，及与之相反的立场（使用哲学的表述就是，主体间性是否存在）。今天，绝大多数人类学家持前一种立场，主张通过有效的文化翻译（文化阐释），我们就能理解异文化中所有表面上的差异。

如何理解这种差异，并将其“翻译”成我们熟悉的语言。这涉及的就是人类学最基本的研究方法。我们通常会把这种方法笼统地称作田野调查，意即亲身实地、身临其境的考察。但我更喜欢把人类学的研究方法形象地称作一台“人肉扫描仪”。

如何判断异文化中发生的一场婚礼、一次交易，或者一段舞蹈，能否归入我们所熟知的婚礼、交易和舞蹈，而不是葬礼、打劫或者巫术呢？我们首先会以亲历者的视角，将这一具有时、空坐标的活动，以文字的形式记录下来，其中包括但不限于声音、色彩、参与者、行为的先后顺序，每个参与者彼此做出的回应和互动。然后，我们可以将这份包罗各种要素的文本，和我们熟知的婚礼或舞蹈进行比较，尝试将对应项加以归类，并对差别项进行分析、再分类。这将让我们在面对和我们不同的习惯、风俗时，不再不知所措，或称之为奇风异俗，而是用更平等，也更富感情的方式与之相处。

你看，人类学不同于历史学或文学等人文学科，而更接近动物学或植物学这类自然史学科，其原因就在于：我们没有现成的文本可供分析，更多需要自己进行文化扫描，并输出为一个崭新的文本。最后，将其与前辈人类学家收集的文本数据库进行比较。这能使我们更快地对那些远方的习俗，或刚刚出现的新兴文化做出准确的归类和分析。

有人认为，人类学家更关心远方和他者，而事实上，人类学家更关心自己的文化。因为我们随时可以把扫描异文化的方法，运用在对本文化的研究上。拿中国来说，当人类学家把中国人的养老习俗和“全人类所有文化的养老”这个巨大的数据库进行比较时，我们会有惊人的发现，中国人既没有比其他文化中的人们更孝顺，也没有更“不孝”。事实上，世界上绝大多数文化都崇尚敬老。那么，“孝道”这种观念，在中国古典道德体系中的流行，就有了许多耐人寻味的因素，值得人类学家结合历史文本深入探讨。

换个角度来说，当代中国的种种改革举措，同样是人类学领域关注的重要目标。当中国的政策制定者，基于自身的立场，选择那些与国际政治、文化、经济通行准则相同或相异的方案时，其实也是在进行着一场又一场举足轻重的人类学实验。那么，在评估这样一系列重要改革实践的过程中，掌握人类文化数据库的人类学家，就具有了天然的知识优势。

在这些人类学实验中，性别与社会的联系，或许是人类学家关注最多，也最接地气的领域。当人类学家将世界各地所有人群的“奇风异俗”，都翻译成我们可以理解的日常生活后，那摆在我们面前的，将是人与人之间最本质的差异——性别。性别间的差异固然源自生理，然而文化上的差异加剧了两性间的不平等关系，如何通过文化翻译的手段，融化两性之间不平等的壁垒，是对人类学文化研究提出的更高要求。

现在我们会发现，我们尝试过的所有人类学实践，将引导我们更怀善意与宽容地审视我们栖居的这个世界中众多精彩纷呈的文化现象，都在激励我们以更大的热忱投入到对这个世界的参与中来。因为即便在这个人类交往空前频繁的当下，偏见和成见依然阻碍我们周围的人们以更平等的心态包容地球上那些与我们似乎有“异”的文化现象。对于这样的状况，人类学家更不应气馁。

人类学永远不会过时，借助最新的技术手段，我们依然有能力对最新的文化现象给予真诚的解读。因为，当下正是我们运用文化翻译之道，在人类文化之间建造一座“巴别塔”的良机。

本书的框架

上述有限的介绍不足以概括人类学的全部，但本书选择的书评及其背后的著作，在传递专业书评写作技巧的同时，仍然致力于人类学学科框架的展现。为了让各位读者更好地理解人类学的方方面面，我将本书中的 44 篇书评（及“外一篇”），分为五个板块，分别是“那些年我们追过的人类学家”、“走进人类学方法”、“人类学与当代中国”、“性别与社会”，以及“文化多样性与全球化”。

首先，那些著名的人类学家和他们的经典作品，或许是我们认识人类学的第一途径。所以，第一板块就围绕人类学家的故事逐一展开。我选择了马林诺夫斯基、莫斯、列维－斯特劳斯、格尔茨和本尼迪克特·安德森这几位有代表性的学者（因为我总共也就写过这几位学者的传记书评，本尼迪克特一篇还是因为要组成一个贯穿整个 20 世纪的框架，最后补写的）。

马林诺夫斯基来到南太平洋，留下著名的《西太平洋上的航海者》，在他身后，《一本严格意义上的日记》道出了他在面对异文化时的困惑和受到的启迪。马塞尔·莫斯虽然身在书斋，但他在比较西方与非西方文化工作中所做的尝试，坚定了后来者对人类文化共同性的信心。列维－斯特劳斯抵达了南美，他的田野调查让他相信，我们与他者之间并没有本质上的区别。格尔茨和本尼迪克特·安德森在相隔不远的时间里前往印尼（以及摩洛哥、暹罗和菲律宾），当前者给出“文化阐释”的方案时，后者则对异文化付出了一生的挚爱。

与其说这些人类学家搭乘着殖民主义的坚船，带着猎奇之心来到了非西方的异文化世界，不如说他们怀着自己的理想出发，试图在远方解开那个人类学的终极问题：我们是否可以理解异文化?

接下来的第二板块，呈现了解决这个问题的多个维度。我们可以将这些理解异文化的尝试，统称为“人类学方法”。

我在这里选择的篇目既有广义上的“田野调查”，也有涉及具体的网络社会、民族艺术、民族植物学，甚至社会史、气候史，灾害人类学等领域的研究方法。人类学家关注的领域广阔，但方法始终如一：以“扫描”的形式，记录亲身参与的文化活动。当我们手持这样一份标准化的“扫描”文本后，就能将其与已有的所有人类文化的数据库进行比较。利用这些数据，对所感兴趣的人类文化现象展开分析。

因此，无论我们是在关注“二人转”这样一种独特的戏曲形式，还是人类历史上重大的气候变化及其引发的灾害时，都应明确，我不是一个人在战斗。前辈人类学家为我们准备了一个巨大的知识数据库，通过这个人类文化数据库，我们就能对眼前现象获得更为整体性的看法。分享全人类知识的同时，也与他人共享我在田野中获得的“扫描数据”。

我特别将当代中国和性别社会作为第三和第四板块的内容。因为理解当代中国，尤其是随着信息时代而涌现的全新文化与社会现象，是人类学研究之于当下最大的现实意义。目睹中国的近况，除了普遍关注的个体化与社会阶层问题以外，多位当代人类学家从“金双拱”到“小皇帝”，从刘家峡到大凉山，得到了理论的启发，让我们通过人类学的视野，更深邃地审视中国社会在过去半个世纪中经历的变迁。

而在性别社会的部分，我选择了围绕女性主题的一些书评，其中既有人类学研究经典《妮萨》的故事，也有前几年颇为流行的《跨国灰姑娘》。当然还包括，代表我作为书评人“出道”的，具有反身性的独特书评。相信通过性别主义的视角，能帮助我们重新认识两性平等的重要价值，从而推动社会本身向着更为和解的方向继续前进。

本书的最后一部分所选择的书评主题更为开放。正如之前提到的那样，人类学研究的终极意义之一，便是运用文化翻译之道，在人类文化之间修筑一座“巴别塔”。这一板块中包括了多元的议题，从人生礼仪到饮食人类学，从印度到日本再到东南亚。从远方回到当下，人类学所要指引我们的知识之路，并非崇尚原始主义，以现代主义为壑，而是帮助我们通过理解他人，更好地悦纳自己。

所以，我以我本人所译《远逝的天堂》一书的“说书稿”作为本书的结尾。“说书稿”是当下知识付费时代，以音频为传播手段的文本形式。这篇文稿本身呈现了当前人类学对现代性的基本态度，同时也展现了人类学家在新时代面前与时俱进的姿态。

另外，在书中还有一些“彩蛋”，我将与主题相关的非书评性短文章，以“外一篇”的形式嵌入书中。所以，加入我为澎湃·私家历史所写的《费孝通与沈雁冰的1930》一文。同时也收入了为《伊隆戈人的猎头》一书所写的译后记（未随书刊行）。相信这些短文，能为本书增加更丰富的主题。

写好人类学书评

最后，终于要回到本篇序言的初衷了：如何写好人类学书评。许多年前，我也尝试过一种朴素的写法，归纳每一章节的主要内容，然后拼合在一起，认为这样就是一篇过得去的书评。殊不知，这样的一篇文章勉强可以应付“交作业”事宜，距离可供媒体发表的作品还相去甚远。经过近十年书评人生涯的磨炼，我逐渐领悟了书评写作的一些技巧，或许可以给有志于媒体写作的朋友们一些可供参考的建议。

第一，确定主题。借助在前文搭建的简单框架，我们就有了一个可以参照的知识体系。当我们打开一本人类学新作时，我们首先应做的，是确定其在人类学知识领域中的位置。这本作品究竟是在讨论学术史还是讨论研究方法，或者是对具体的个案展开讨论，都与接下去的书评写作有着密不可分的联系。通常，这本著作的书名就显示了它的基本性质，比如《马林诺夫斯基》显然是一本围绕著名研究者人生历程展开的学术史作品;《跨国灰姑娘：当东南亚帮佣遇上台湾新富家庭》则无疑是一部以跨国劳工为主题，兼及性别主题的当代个案研究。那么对这两本著作的评价体系就有很大不同。

第二，回到体系。任何一部学术作品都不应是无源之水，每一本著作都在潜在地回应学术体系中的某个问题。所以，找到作品试图对话的那个对象，是把握作品的关键步骤。比如,《人类学家在田野》一书的主旨是，随着全球化的发展，人类学田野调查发生的场景不再如一个世纪之前，全部发生在异文化社群，而呈现了一种更多元的特征。通过比较过去和现在的田野场景与对象，能让读者迅速体会这种全新的变化。再如《中国社会的个体化》就讨论了中国社会自改革开放以来，大部分人生活水平提高之后，对个人社会职责和权利的意识觉醒。它所面对的是一个集体主义中国所遗留的种种文化遗产。那么，将二者并置，指出其中的承继关系，会使我们的写作变得言之有物。

第三，把握时代特质。这里涉及翻译著作和原创中文作品的差别。每个时代都有时代自身的问题，国际人类学界积累了大量研究成果，这些作品便如一个具有鲜明年代特征的"文化数据库"，反映了知识积累的层级关系与脉络。但这些经典著作在引入中国，编入一个个经典译文集时，往往被抹掉了其中的时代特征。这就让读者产生知识梳理上的混乱。

比如我曾经翻译过的《石器时代经济学》，在出版时被收入一个名为"学术前沿"的译丛，该书初版于 1970 年代末，再版于 2003 年（只是增添了一篇新版序言）——该译丛大部分著作都属此种情况。那么对于读者而言，将其放入 20 世纪后半叶的学术体系，还是新世纪的体系，将对我们的认识产生截然不同的影响。

因此，将一部学术作品回归其原本的时代脉络中，将有效避免这种"关公战秦琼"的情况，也能让我们在写作评论时，更好地理解作品本身。

第四，回归核心问题。这是写作人类学（以及其他学科）书评的关键之处，是能帮助我们摆脱"归纳每一章节主要内容"这类朴素写法的终极技能。之前我已提到，人类学始终围绕的核心问题是，致力于理解他者的文化。并坚信只要运用适当的科学手段，我们就能有效地完成对异文化的翻译 / 扫描工作。这决定了人类学的终极目标，是对人类纷繁复杂文化现象的"求同"，而非"求异"。

这一原则，给所有潜在的人类学书评人或读者，提供了一个足够可靠的背书。这也是一条大胆判断作品高下的准则。如果一部作品倾向于将对异文化的猎奇置于文化解释的价值之上，强调某一文化的独特性，而非在人性普同框架下的解读，便偏离了人类学研究的准绳。比如在《伊隆戈人的猎头》一书中，作者并不以猎头这一“骇人”习俗的描述为重点，而将其视作具有喜怒哀乐的普通人类群体的一员，并从这一立场完成了对“猎头”行为的解释，使之成为一部优秀的历史民族志。反之，另一些以独特民族习俗为卖点的作品，则背离了人类学的初衷。

由此，我给潜在的人类学书评人的一个建议就是，抛开初学者的矜持与谦虚，相信自己对学科价值的感悟，带着态度去写作，要远胜于一篇四平八稳的评述。这一方法不但是我们写作人类学评论作品时的不二法门，同时也能指引我们在阅读过程中把握正确的方向。

第五，使用一些写作技巧。要写作一篇具有可读性的媒体书评，除了充分的学术储备外，最需要的就是一些必要的写作技巧。我们需要拿出人类学家研究异文化时的“移情”经验来设想读者的视角。面对毫无人类学背景的读者，我们的目的不仅是传授一些人类学内部业已达成共识的观点，更是让他人获得对异文化的初步理解。

所以，我们的书评宁可浅显，不求深奥；多用比喻，少作说教。比如我在《选择成为一个怎样的国家》一文中，就用一个比方作为文章的开头，引导读者对中国与西方之间的文化差距产生更直观的认识。就我个人而言，还喜用一段最近发生的新闻，引入书评的正文，比如在《灾害面前，人类该如何应对》一文中的尝试。至于选择怎样的文本作为话题的导引，离不开我们日常随时随地的积累。

最后，我还热衷于在文中加入一些个人化的经历，这纯粹就属于一种个人风格。希望这种经验分享，能让读者产生共鸣，也能在一篇文章中打上我自己的独家印记。

上述这些，差不多就是我作为一个预备退役的人类学书评人十年来大部分的心得（即便如此，我仍愿意在人类学书评和著作的发表、出版方面，为大家奔走于媒体与出版机构之间。欢迎与我联络）。另外，在职业书评人的道路上，我们还需要一些厚脸皮。当媒体编辑向我投出第一篇邀约的橄榄枝时，他可能只是客气地说了一句，希望以后继续合作。实诚的我把最后一句听了进去，以后，等待发表和去邮局领取汇款单成为我的固定乐趣。我用这些稿费购买最新的人类学作品，完成阅读，写作书评，再次投稿，一切变成了一个积极的循环。其实，我们无须矜持地等待编辑老师的再次约稿，阅读和写作本就是一件快乐的事情。发挥你的主观能动性，这是人类学教给我的人生秘诀。

最后的最后，我其实想说，写好人类学书评其实也没有那么多章法和条框。相信凭着一颗热爱人类学的心，大家都能写出出色的书评作品，架起那座连接异文化与本文化的沟通之桥。

目　录

第一编　那些年我们追过的人类学家

第二编　走进人类学方法

第三编　人类学与当代中国

第四编　性别与社会

第五编　文化多样性与全球化

第一编　那些年我们追过的人类学家

本编中所选择的几位学者代表了我们熟悉的人类学，他们分别来自英、法、美这些西方主流国家，这些国家主导了20世纪的殖民与后殖民历史，也贡献了20世纪人类学的主要理论和方法。

随着殖民时代的开启，人类首次有机会打破地理屏障，与原先那些地理上不接壤的文化发生联系——借助海洋，绕过内陆——二维的交流变成一种三维的世界。这样造成的结果，自然就是人类文化之间的相似性减小、差异性放大。

当给爱人送项链、给姻亲送火腿的欧洲人，遇到给爱人送贝壳、给姻亲送芋头的太平洋岛民时，他们亟须确认的最重要的事情是，彼此之间看似不同的行为，是否表达了相同的意思。

1. 人类学的祖师爷*

《马林诺夫斯基——一位人类学家的奥德赛，1884-1920》的作者迈克尔·扬在引言中写道:“如果说查尔斯·达尔文是生物学的开山祖师的话，布劳尼斯劳·马林诺夫斯基就是人类学的开山祖师——这位波兰贵族发明了‘田野调查’这一严格的学术‘成年礼’，并且带来了英国社会人类学的突破性变革。”这个传奇人物，仿佛《奥德赛》中的英雄——在我看来，更像是盗取“金羊毛”的伊阿宋——将学术史变成了以他为主角的史诗。

他的奥匈帝国波兰人身份，他在巴布亚新几内亚、美拉尼西亚

---

* 本文为迈克尔·扬所著《马林诺夫斯基——一位人类学家的奥德赛，1884-1920》一书评论，原文发表于《南方都市报·阅读周刊》(2014年1月26日刊)。

的羁留，他和另一位著名人类学家——拉德克利夫－布朗——的双星交辉，他在私人生活方面的暧昧色彩，都为后人津津乐道。他的影响还波及了他的学术传人，包括我们耳熟能详的费孝通先生，曾任美国人类学学会主席的许烺光，社会学巨擘塔尔科特·帕森斯，还有肯尼亚独立后第一位总统乔莫·肯雅塔。甚至在他辞世后出版的田野日记，都能在学科内部掀起轩然大波。他的事迹，从倒叙的角度看，颇似奥德修斯，当然，从他挑战前人建立自己的学术帝国来看，似乎也混合了阿伽门农的灵魂。

“永不复焉”的少年

该书并没有过多描绘那个名满天下后的马林诺夫斯基，而更像是一部“《指环王》前传”，讲述了帝国草创之前的故事，但这的确满足了包括笔者在内的很多人对马氏神话背后的窥私欲，尤其是那些长期以来，被马林诺夫斯基著名日记——《一本严格意义上的日记》（据说充满颠覆田野调查伦理的自述和被压抑的性欲）——吊足胃口的读者。

除了我们熟知的“日记”外，迈克尔·扬还出色地发掘了马林诺夫斯基青年密友斯塔斯·维特邱维奇所写的在其有生之年从未发表的自传体小说《班戈的622种堕落》（亦名《恶魔般的女人》）。更名为“班戈”的斯塔斯在小说中拥有两位好友，其中之一就是化名“永不复焉公爵”的马林诺夫斯基。虽然在不久之后的人生岔道上,“斯塔斯对艺术的执著最终在马林诺夫斯基身上催生了一种反感乃至疏远的情绪”,并促使马氏“在科学中寻找其自我存在问题的答案”。斯塔斯写作这本小说的时间(1909~1911 年)恰好就是马林诺夫斯基在英国追求人类学并赴美拉尼西亚进行田野调查研究的期间——而“永不复焉”或许是影射某种爱的终结,比如斯塔斯的父亲“怀疑自己的儿子和马林诺夫斯基正在危险地尝试一种‘不敢宣之于口的爱’”。

马林诺夫斯基出身于波兰一个贵族知识分子家庭,是波兰最古老大学之一雅盖隆大学斯拉夫语言学教授吕锡安的儿子;他虽然在 15 岁时失去了“颇具才华的语言学家和一个勤勉的民族志学者”的父亲,但这样一个“书香门第”出身和他父亲“在西里西亚的田野研究和之后的民俗与方言学研究,与‘青年波兰运动’中文化复兴的发端不谋而合”都为少年时的马林诺夫斯基提供了知识和人生追求上的启蒙。

借助斯塔斯的小说和马林诺夫斯基早期日记,好奇者还能发现马氏五岁时的初恋,“是和他同龄的小女孩,爸爸是诺贝尔文学奖得主、小说家亨利克·显克微支”。尽管如此,马林诺夫斯基毕生的文学偶像并不是这位小初恋的父亲,而是以《黑暗的心》蜚声文学与人类学界的波兰裔英籍作家约瑟夫·康拉德,后者正是从马林诺夫斯基的故乡克拉科夫“坐上了维也纳快车”的。“巧合的是,当康拉德最终在 1914 年 7 月的大战前夕回到克拉科夫时,马林诺夫斯基正在驶往澳大利亚的客轮上,正在无意间开始了背井离乡的旅程。”尽管糟糕的视力让他无法成为康拉德一样四海为家的船长,但他毫不掩饰自己对康拉德的崇拜,他甚至愿意以“‘人类学者’的身份作为交换,来成为‘一个水手,继而成为一个英国’水手”。

要解开马林诺夫斯基对康拉德的崇拜之谜，或许要从他早期的另一段遭遇说起，在众多第三者的回忆录中迈克尔・扬从更大的社会－历史层面还原了 20 岁前后的马林诺夫斯基所遇到的社会变迁：“俄国 1905~1907 年的革命让新浪漫主义运动骤然降温（有人说‘年轻的波兰在一夜之间变老’）。”几年后，马林诺夫斯基受邀参加了与一位“有趣”的俄国革命者的茶聚，这位革命者叫弗拉基米尔・列宁。赴约之前青年马林诺夫斯基陷入犹豫：“他们老是重复一样的故事……他们是一群无趣的人。”但他后来还是“和列宁进行了一次长谈，他后来发现对方‘善解人意，和蔼可亲’”。

尽管波兰的克拉科夫名义上保持精神独立，但从 1846 年起，在沙俄和奥匈帝国之间，波兰实际上已经齑粉无存了。那么像康拉德一样四海为家的生活，或许是这个没有祖国的年轻人，对自由的一种表达。

学术帝国前传

1908 年马林诺夫斯基以《关于脑力的节约论原则》为题在 24 岁时获博士学位后，在莱比锡大学度过两年。1914 年他正式进入伦敦政治经济学院，从冯特式的民族心理学转入那个后来几乎以他为代名词的学科——人类学。虽然他用对康拉德的追随——“甲板生活是由最奢华与最具完美技术的文化现实所塑造出来的”——这样高端大气的叙述来解释“自己为何放弃自然科学而转向人类学”的原因，但迈克尔・扬不这么认为。

在马氏当时的日记中，一个工作于莱比锡的名叫安妮的英国（苏格兰）家庭钢琴女教师才是马林诺夫斯基远赴英伦的原因。在魏玛共和国的日子，这个比马林诺夫斯基大十多岁的寡居女教师成为他的“导师”和缠绵的对象，随着1909年底安妮返回英国，他也于次年抵达英国。“他和安妮的居住地塞维尔街是一条狭窄而肮脏的小街……他们的公寓有个小前厅、厨卫、一间餐厅和一间起居室”。借助这些细节，我们可以发现，这场奥德赛式的知识探险之旅，或许的确有个阿伽门农式的源头。

在英国的日子，除了接受哈登、塞利格曼和马列特等人的亲炙和友谊外，他还乐于从英国殖民传统的经验研究出发对弗雷泽、里弗斯、涂尔干进行激烈的批评。现在，为了一段学术史的经典记载，他需要远赴新几内亚，开始自己的事业。迈克尔・扬并没有为马氏这段事业的起点添加多少传奇色彩，他只是在“图腾、老师和主保圣人”一章快结束的地方写道：在哈登面前，“马林诺夫斯基表达了对赴美拉尼西亚进行研究的巨大热情”，因为哈登认为马氏的田野工作会是其1903~1904年在当地探险的后续。这段记录没有让人产生多少神圣的联想，但这的确就是马氏著名日记的源头。尽管如此，从更广的视角看，20世纪之初在俄、奥匈帝国挤压之下的波兰民族主义和英国全球殖民事业，已经为马林诺夫斯基的学术探险铺设了道路。

在这章之前和之后，作者都各花一章讲述了传主分别与两位名为泽尼亚和托斯卡的波兰女子的爱恋，直到全书进行到第325页之后，终于开始了第三部分“1914~1920”的讲述，是的，这才是我们关心的日记部分。

其实，和马林诺夫斯基早年日记、通信中记录的韵事相比，

1914 年日记中那种被爱好者津津乐道的，他在美拉尼西亚无处释放的欲望，“一个身材姣好的（土著）漂亮女孩走到我面前……令我着迷……有时我真为自己不是一个野蛮人、不能拥有这个漂亮的女孩而难过”的情欲描述，并没有太多出格之处。

在后来出版的里程碑式的《西太平洋上的航海者》的初版封面上，绘制的并不是皮肤黝黑的美拉尼西亚人和他们的双体独木舟，而是取得“金羊毛”的希腊英雄伊阿宋乘坐的阿耳戈号（Argonauts），而这也是该书英文原名的一部分。在这次旅行的归途中，马林诺夫斯基也收获了他的美狄亚——墨尔本的化学教授的女儿艾尔西——他告诉这位美狄亚，他构想出新人文主义的支柱之一，是一门关于“他的人类同胞的科学”，一个更广泛的、充当公共角色的人类学。

这是一本特别的传记，因为长达 600 多页的叙述在传主结束巴布亚之旅，准备返回英国之时便戛然而止（据说作者正在筹划续篇的写作），他的学术帝国还需要二十多年才告建立，但一切已经在暗暗萌发。与其说，该传记将那个隐藏于“日记”之中的马林诺夫斯基呈现在我们面前，不如说，它展现了一场知识“革命”的序曲。

2. 马林诺夫斯基在南太平洋的书单 *

今年有一本日记悄然出版，然而，估计除了专业人士外无人会多加注意，日记写于1920年代，作者是一个名叫马林诺夫斯基的波兰裔英国人类学家。他分别于1914~1915年和1917~1918年，逗留在西太平洋上的英国殖民地巴布亚新几内亚、美拉尼西亚群岛，对当地原住民进行“田野调查”，写成经典作品《西太平洋上的航海者》。

大家都觉得这位马先生与当地人相聚甚欢，才能写出这般深刻的作品。不料，1960年代，他第二位妻子在他去世多年之后，将

* 本文为马林诺夫斯基所著《一本严格意义上的日记》一书评论，原文发表于《南方都市报·阅读周刊》(2015年06月21日刊)。

其早期日记全数出版，取名《一本严格意义上的日记》(以下简称《日记》)，在学界引发轩然大波。日记披露他与“原住民”之间并没有想象中那么和睦，让大家觉得仿佛受了马氏的莫大欺骗。

时过境迁，随着新一代学者感同身受的“反身”思考，人类学界逐渐意识到马氏的感情并不分裂，不过是发乎人性的真情流露。他在考察地点时长日久，难免对当地妇女产生情愫，对当地助手的沟通不畅作愤愤然状，但他只是在日记中有所流露而已。这些其实都无可厚非。更可爱的是，马氏在考察期间因为缺乏现代娱乐，便随行携带了许多小说解闷。虽然我们不知道他是怎样将这些小说从欧洲带到了澳洲，但马氏阅读这些小说的篇目和顺序被他的《日记》完整记录。这就为我们一窥1920年代欧洲知识分子的流行阅读，提供了非常有趣的视角，也让我们对他的“田野调查”能有更深入的感受。

康拉德和吉卜林之间，隔着一个大仲马

马林诺夫斯基在1914年9月抵达澳洲时看的第一本书是《(澳大利亚)手册》。然后，他的日记中频繁出现的就是各类小说。10月17日开始，他看了第一本小说——萨克雷的《名利场》。这个月里，他的阅读热情很高，还读了美国诗人朗费罗的诗集《黄金传说》。第三本则是法国小说家维克多·谢尔比列的《拉迪斯劳斯·波尔斯基的冒险》。这个月的最后一天，10月31日，他读了

第一本专业著作，英国皇家人类学会编的《人类学的询问与记录》，这是他全部日记里唯一出现名称的专业书。

11 月，他开始看大仲马的《基督山伯爵》。月底看了吉卜林的《基姆》，12 月看了康拉德的《青春》以及泰奥菲尔·戈蒂耶的一些短篇小说。

1915 年 1 月阅读量比较大，有莎士比亚，有美国边疆文学奠基人詹姆斯·库珀的《拓荒者》(他更著名的作品是《最后的莫西干人》)，有大仲马的《布拉热洛纳子爵》。还读了英国旅居印度女诗人劳伦斯·霍普的诗集。此外还有美国历史学家普雷斯科特的《墨西哥征服史》，反映吉卜林印度生活的动物小说《山中故事》。

这份日记在中断 5 个月后的 8 月最后记了一笔，他看了乔治·摩尔的《伊维琳·伊尼丝》，觉得比康拉德的小说更给力一点。

成为勃朗特三姐妹的拥趸

歇了两年以后，马氏又来巴布亚新几内亚继续调查，他在这两年里都待在澳大利亚，进行写作、恋爱，以及避免被澳大利亚政府抓到关押同盟国人员的战争集中营。这一次他表现得比较好，除了刚到当地的 1917 年 11 月初，看了一些欧·亨利的短篇小说，直到月底才听人朗读了爱德华·鲍尔沃－利顿的神秘主义小说《扎诺尼》中的一章。这个月里，马氏非常挣扎，他的日记里提到好几次“我没读小说”“我不能再看小说了”。非常有意思的是，他在 11 月 17

日这天又一次写下“特别想看小说”，但这也是他在日记中首次提到“库拉”概念（这是他一生研究中，关于“人类简单交换形式”最重要的发现的一天）。

度过了难熬的 11 月，他在 12 月一口气看了 4 本小说和一些诗篇，分别是美国小说家乔治·巴尔·麦卡琴的《酿酒师的百万横财》、英国小说家马克思·彭伯顿的《驶向无政府状态》、哈代的《苔丝》、夏洛蒂·勃朗特的小说《维莱特》。他还看了诗人斯温伯恩的诗歌。

他在 1918 年 1 月只看了一些短篇小说。但 2 月很快又回到阅读高峰，英国作家威廉·洛克的《克莱门蒂娜·温的莱耀》，康拉德的《间谍》、英国女诗人兼小说家黛娜·克雷克的《混血儿》，英国科幻小说家赫伯特·威尔斯的《基普斯》，英国作家维尔利特·汉特和福特·马多克斯·福特的《飞艇之夜：伦敦盛典》、英国小说家约瑟夫·霍金的《只为寸纸——当代战争罗曼史》，一共六本，看来他在研究和写作方面备受折磨。

要不是那本左拉的《帕斯卡医生》在 3 月被偷，他还可以多读一本小说。这个月里他还看了文学期刊《英国人》，狄更生的《一个中国人通信》，若干本吉卜林的小说和“一本垃圾小说”。

4 月再次以吉卜林的小说开始，以孟德斯鸠的《波斯人信札》告终，中间还看了法国浪漫主义作家缪塞的作品，以及 17 世纪法国剧作家让·拉辛的《费德拉》，这个月堪称马氏的“法国文学月”。

5 月有法国浪漫抒情诗人拉马丁的《约瑟兰》。这次轮到了勃朗特三姐妹之一艾米莉·勃朗特的《女人们的信》，马氏对此的评价是“其中一封有些下流，使我心绪不宁”。他这个月的读书任务还包括比阿特丽丝·格里姆肖的《红色诸神召唤之时》，威廉·洛克的《美好的一年》，一本佚名作品《扑克的拇指》，著名的柯南·道尔的冒险小说《有毒地带》，以及英国散文家哥尔德斯密斯的《维克菲尔德牧师传》。

1918年6月，是马林诺夫斯基“日记”和田野调查的最后一个月份。这个月以他接到母亲去世的消息告终。但他还是坚持看了几本小说：不知作者的《反抗命运》、威尔斯的《托诺－邦盖》、鲁夫·本内特的《灾难上尉》、高尔斯华绥的《大航海家》。他在考察中最后看的书是夏洛蒂·勃朗特的《简·爱》和陀思妥耶夫斯基的《卡拉马佐夫兄弟》，尽管这无法帮他摆脱失去母亲的悲痛。

做一个热爱文学的学术青年

作为一个三十多岁的文艺青年，在总共加起来差不多两年寄居海岛的时光里，马林诺夫斯基在日记中提到自己看了差不多40部长篇小说。他不做文学研究，所以看书纯粹为了解闷，尽管如此，丰厚的阅读成果反映了他丰富的内心世界。在第一阶段田野调查期间，他看得最多的是同乡康拉德激荡的航海冒险，和吉卜林旖旎的印度风光，以及其他一些具有19世纪显著殖民和土著文化特征的作品。毫无疑问，从康拉德这位偶像那里，他产生了对异域的向往。

第二个阶段，马氏的涉猎更加博杂，但依然可以让我们找到不少线索。首先，他在遇到自己梦寐以求的重要发现时——“库拉”贸易——仿佛有一种打通“任督二脉”的感觉，他强烈克制自己看小说的欲望，就像强迫自己“闭关”一样。但我们也应记得，在这之前的差不多三年时间里，他已经看了几十本小说，所以，耐心、信念和持之以恒才是通往学术殿堂的唯一道路，不要为自己花费大量时间阅读感到懊悔和沮丧，从文学阅读中获得思考的灵感同样是一种“修行”。在第二阶段中，除了始终伴随马林诺夫斯基的吉卜林的著作外，勃朗特三姐妹的作品超过大仲马成为他最忠实的田野读物，尤其是在他寂寞难耐的时候。学术与个人生活并不矛盾，在马氏身上得到体现，大量女作家描绘女性内心的作品，使他对两性感情有了深入的认识，海岛田野中酿成的情愫，最终为他在澳洲缔结了人生第一段浪漫爱情。

总的来看，马林诺夫斯基是一个热爱阅读的资深文艺青年，他阅读的作品中也有被他视作低俗的消遣小说，但大部分在今天也仍为经典。他的读书记录为我们呈现了 20 世纪初期，一位有着自我修养的文青的基本素质和时代留下的阅读烙印，同时也向我们昭示，文学感悟对学术创造所提供的不灭的人性指南。

3. 马塞尔·莫斯的关键词*

他是第一个进入法兰西学院的人类学家（在他之后的是列维－斯特劳斯），他是社会学奠基人之一埃米尔·涂尔干的外甥，他也是法国社会学家、政治思想家雷蒙·阿隆有点远的表舅。他写作了人类学经典《礼物》（一译《论馈赠》），他复兴了“一战”后凋零飘落的《社会学年鉴》，他被尊称为法国“民族学之父”，他就是马塞尔·莫斯。

在这些盛名之下，有些尴尬的是，提到莫斯，总让人想到他是涂尔干的外甥，其学术继承人。比如刘易斯·科塞在《社会学思想

* 本文为塞尔·福尼耶所著《莫斯传》一书评论，原文发表于《南方都市报·阅读周刊》（2013年3月17日刊）。

名家》中，就不会为莫斯专辟一章。自从法国社会学家让·卡泽纳弗 1968 年出版《莫斯》一书之后，二十多年里似乎不再有完整介绍他的作品问世，直至 1994 年加拿大蒙特利尔大学的法裔社会学家马塞尔·福尼耶终于出版了迄今最全面的莫斯传记《马塞尔·莫斯》，2006 年该书有了英文节译本，2013 年该书的中译本《莫斯传》也终于同我们见面了。这让每一个熟悉《礼物》的读者，有机会一窥这份“礼物”的主人，以及他作为民族学 / 社会学家、社会主义运动家的一生。

犹太人身份的潜在影响

本书作者福尼耶用从犹太法典《塔木德》中摘引的一句“大部分孩子都像他们的舅舅”拉开了《莫斯传》的序幕。果不其然，莫斯依旧没有摆脱他如影随形的舅舅，因为该书第一部分就以“涂尔干的外甥”命名。作为涂尔干的外甥，莫斯自然就拥有与前者相同的家族史，莫斯也像涂尔干一样经历了 1870 年普法战争对犹太人的影响——“从阿尔萨斯和洛林地区流失的犹太人口转移到了巴黎”。作为巴黎的少数族群，与其说舅舅对年轻的莫斯产生了毕生的影响，不如说，另一个更大的同时作用于他和涂尔干的文化背景——犹太人身份——为他的学术之路做好了铺垫。

莫斯的外公，亦即涂尔干的父亲，是一名犹太教士，出身于和马克思家族非常相似的拉比家族，他将主要精力投入解读宗教之起源的宗教社会／人类学，这与家族传统多少有一些关系。不过这个家族一如涂尔干在《自杀论》中主张的那样："宗教上的少数民族……仅仅出于竞争的缘故，追求在知识上比他们周边的人出众。"毫无疑问，莫斯在舅舅的指引下接受了良好的教育，使他轻松毕业于巴黎高等研究实践学院（着重历史学、语言学和宗教研究），并在此结交了他一生的学术知己亨利·于贝尔，但这时他的事业才刚刚开始。

福尼耶接下去为我们展现了莫斯的早期学术生涯：莫斯与于贝尔合作完成了《论献祭的性质与功能》（1902）一书。而英国人类学家史密斯《闪米特人的宗教》（1889）最早出版，排在其后的是弗雷泽的《金枝》（1890，这部巨细无遗的"神话学和比较宗教学"巨著最后一卷在1915年出版），接下去是希尔万·莱维激发莫斯灵感的《梵书中献祭的教义》（1898），在莫斯与于贝尔合作之后10年，涂尔干还出版了他最后一本重要著作《宗教生活的基本形式》（1912）。尽管作者如此叙述的真实意图或许只是展现莫斯早期的学术活动，但福尼耶的这些叙述尝试，却通过以莫斯为中心的学术探索历程，解开了后学者心中一个不小的困惑：早期社会学／人类学为何给予"宗教"如此强烈的关注？

尽管社会学、人类学诞生于19世纪前半叶，半个世纪之后这两门新兴学科依然需要在许多更古老的学科中拓展空间。"社会是如何可能的"是与涂尔干、莫斯同时代德国社会学系齐美尔对当时的社会学提出的"终极问题"。莫斯在写作《论献祭》时表明了"宗教行为的目的在于把个体置于集体的中心"，在福尼耶看来，这是莫斯"已经发现了社会生活和宗教生活中的一个基本因素"的标志，或许可以算作法国民族学家对德国同行的一个回应。从伏尔泰、孟德斯鸠等人以降，社会学科虽然依旧没有离开"宗教"这个主题，但已经不似前者那样努力将“社会”从宗教生活中剥离出来，而更多试图将宗教视作社会的基石。通过大量民族志材料的解读，莫斯开始在他的作品中将“图腾与禁忌”作为宗教的另一种形式，频繁提出，而他将“宗教”（献祭）作为“个人如何获得‘作为整体的社会力量’”这一问题答案的倾向也便显而易见了。在这里，我们是不是又隐约窥到了犹太教的影子呢？

热衷社会运动的大学者

作为学术上冉冉上升的新星，莫斯在福尼耶的笔下呈现学术之外的一面，一个让舅舅涂尔干颇有些不满的外甥。“与许多青年的知识分子一样，莫斯也卷入了其中，为联合社会主义的提出作出了贡献。”一如“社会学之父”孔德曾为空想社会主义者圣西门的秘书，比起学术，青年莫斯对社会主义运动更加热衷。他不但“为了《社会主义运动》而密切参与合作社组织的活动”，还担任了社会主义刊物《人道报》的记者，这种对公众事务的参与程度有时会让涂尔干对莫斯的学术前程有些担忧。据福尼耶所言，莫斯“令人难以置信的不符常规”使他舅舅“精神上备受煎熬”。不过，对莫斯本身来说，他对两者的平衡倒拿捏得恰到好处，“莫斯认为意志是组成社会的支配性力量”，那么为了推动社会主义运动，首先就需要找到这些“支配性力量”的源头——意志——“福科内和莫斯宣称：‘社会生活的最深内核是一组表象’”。

在福尼耶的帮助下，我们发现，社会生活中的实践使莫斯又回到了学术事业中来，他发现社会不单是由“宗教”这一块基石构成，而来自“一组表象”，在这里他把涂尔干开创的道路进一步拓宽，那么在这个作为意志的表象世界中，还有哪些“宗教”之外的基石值得探求呢？1903 年发表于《社会学年鉴》上涂尔干与莫斯合作的“分类的某些原始形式”一文开启了古老的“比较法”的新一章。在认知上，他们尝试把社会理解为许多基本的不同方面的组合；在方法上，他们进一步复活了孟德斯鸠以来的比较方法——将文化表征按照较严格的方式进行分类、概括和归纳。这一努力突破了 1874 年英国皇家人类学会《人类学的询问与记录》专注物质文化的局限，将文化的探索扩展到了“意志”层面，集中体现在了 1926 年莫斯独立完成的《民族学手册》中（遗憾的是，福尼耶在本书中似乎把这本莫斯“一战”后少数重要著作之一给遗漏了）。

当莫斯全心投入学术之后，只有战争才能打断他的事业，然而，见证“一战”后第一个社会主义国家诞生的同时，莫斯也失去了他的舅舅和“年鉴学派”大部分青年力量。尽管他还怀着“社会学政府这一梦想”，但随着发生于苏联的“集体主义管理”，以及法国左翼联盟在议会的胜利，莫斯开始接受社会学与社会主义渐行渐远的现实。在老朋友于贝尔“不要只专注于政治”，“你还得（思考）科学、教育以及这个国家的知识分子和精神价值问题；我们这么做的人并不多，其中还有些装腔作势的人”的提示下，莫斯扛起了涂尔干去世后留给他的重担。整理舅舅的学术遗产，重办《社会学年鉴》，建立了民族学研究所，又加入社会主义报纸《大众报》的出版，还有，写作了《礼物》一书（这是他将“表象”与社会生活结合的尝试），并于 1931 年进入法兰西学院。

以更多的精力投身学术，并未减少他对政治的关心，但颇具讽刺意味的是，在保罗·尼赞眼中，“《社会学年鉴》的老团队成员”已经成为“资产阶级思想家”了。“二战”中，莫斯奇迹般地未曾离开巴黎，这或多或少增加了他的传奇色彩。他还见证了“‘共同体’以及‘全人类’这样的涂尔干式观念”，被人利用为“维西政府反犹太政策”辩护。“二战”结束后，他又在巴黎生活了六年，其间，列维－斯特劳斯曾想以他为论文指导者，但“他认不出我了”，列维－斯特劳斯遗憾地说。不过，后者的博士论文《亲属关系的基本结构》，延续了莫斯（而非涂尔干）以来法国人类学对“意志”与“表征”的探索，从这个意义上讲，莫斯走出了舅舅的影子，不愧为法国“民族学之父”。

福尼耶在书中塑造了一个丰满的马塞尔·莫斯，他不仅是一位著名学者，也是一位身体力行的社会主义者（这甚至影响了涂尔干学术家族的第三代“雷蒙·阿伦”）。莫斯对社会运动的理想，反过来指引着他的学术道路，两者的交织嵌入20世纪的法国历史，留给我们丰富的学术遗产。尽管作者勾勒莫斯生命轨迹的尝试更像一本“人物传记”而非思想脉络，也没有对《礼物》这本在国内学界更享赞誉的著作投入足够笔墨，但其为我们重拾了莫斯一生的关键词，在某种程度上帮助我们梳理出作为民族学、社会学家的莫斯与社会主义在20世纪上半叶的发展历程。

4. 不缺传记的人类学家*

从他尚在人世起，列维－斯特劳斯便是一位不缺传记的学者。那些形式各异的传记中，早有英国人类学家埃德蒙·利奇为向英语世界介绍“结构主义”而写作的《列维－斯特劳斯》，又有法国评论杂志《新观察家》周刊著名记者迪迪埃·埃里蓬与其所作访谈式传记《今昔纵横谈》(一译《咫尺天涯》)。在其身前最全面的传记是散文家、传记作家德尼·贝多莱所写的《列维－斯特劳斯传》，2009 年去世之后，他的影响力不减反增，学者兼作家的帕特里克·威肯为他出版了迄今分量最重的传记《实验室里的诗人：列

* 本文为帕特里克·威肯所著《实验室里的诗人：列维－斯特劳斯》一书评论，原文发表于《南方都市报·阅读周刊》(2013 年 3 月 3 日刊)。

维－斯特劳斯》。

从20世纪70年代以来，便“自外于学术争论”的列维－斯特劳斯，曾在1979年对《新观察家》杂志发表了如下发言，“这不是我认识、喜欢或是还能想象的世界；对我来说，这是一个不能理解的世界。”打那之后，他便隐居于勃艮第的利涅罗勒镇的法式度假别墅，“坐在宽敞的起居室，利用从大窗户和落地窗照进来的自然光写作、处理盈案的来信，或是翻阅19世纪初编成的那套全72册的自然科学百科全书”——这一副旧式法国绅士作派——只是偶尔尽一下卓越知识分子的职责，出席、访问，参加会议，“当其他人发表意见或自我辩护或大声驳斥对方时，列维－斯特劳斯只是静静坐着，什么都没有说”。人们很难将此时他与《忧郁的热带》中那个穿越巴西丛林，充满动力的人联系在一起了。

然而，当罗兰·巴特与萨特（1980）、拉康（1981）、雅各布森（1982）、雷蒙·阿隆（1983）、福柯（1984）、布罗代尔（1985）、杜梅泽尔和波伏娃（1986）相继去世之后，在他一枝独秀的最后二十多年生命中，原本需要与他人分享的光辉，或许都只照耀到列维－斯特劳斯这个几乎处于隐居状态的人类学家一人身上了。对于传记作者来说，这既是好事，也是坏事，唯一的传主减少了传记作家们的工作量，但也让作者把原来的激情全释放到同一个对象身上。有涯之生，如何演绎出无穷故事，倒是对传记作者最大的考验，不过好在各位作者搜求文献，各辟蹊径，对读者来说是最大的福祉，借助每一本传记的不同侧重，终为我们塑造那位完整的列维－斯特劳斯。

《实验室里的诗人：列维－斯特劳斯》的作者威肯曾就读伦敦大学戈德史密斯学院及拉丁美洲学院，曾在巴黎与里约热内卢长住，既有人类学背景，又是研究巴西历史的专家。正是这段学术与生活经历，让他有机会发掘出前人未曾引用的材料。

在热带中萌芽

在和之前传记一样提到列维－斯特劳斯的犹太背景和早年学术经历后，威肯并不满足于用后来的《忧郁的热带》点缀列维学术生涯中最重要的巴西之行，而是借助一本2001年出版的巴西人类学家法利亚的《另一观点：北山考察日记》，本书完全从观察者的视角充实了1938年列维－斯特劳斯的那次亚马孙之旅。

那一年，列维－斯特劳斯组织了一次沿着龙东电报线的田野旅行——这是一条由军官兼"印第安人保护局"创立人"龙东"计划并实施铺设的现代通信线路，冥冥之中为列维的学术生涯铺好了轨道。1907年，这位"对印第安人困境深感同情"的现代主义者"奉命把巴西的电报网络从库亚巴延伸至亚马孙河"以便沟通玻利维亚，让人莞尔的是，龙东电报线铺好后"从不曾正常运作过，……在10年施工并造成数百名工人死亡之后，电报线的功能已悄无声息地被无线电发报机所取代"。于是，列维一行便沿着"绵延到天边"的歪扭电线杆，寻找他的波洛洛人。

"十五年后写作《忧郁的热带》时"，威肯写道，列维－斯特劳斯会"忆述他与为数不多的印第安人的相处经历（其中充满沟通上的挫败）"，对其而言，"这些在高地上孤独流浪和邋里邋遢的土著就是卢梭笔下的'自然人'"。这次为期8个月的考察，构成了他一生中最主要的田野经历，也是著名的《忧郁的热带》中最引人入胜的部分，不过，透过法利亚的眼睛，我们也看到，"废弃的电报站……被传教士用作基地，准备让当地原住民改变信仰"；他们遭遇的一个吐比卡瓦希普人的村落"几乎无法在森林里存活"，"有些妇女的项链上串着空弹壳，透露出他们从前可能跟白人发生过冲突”。

列维－斯特劳斯的确是实践的卢梭，但他看到的不是纯粹的“野蛮人”，他看到的是与现代文明交锋过程中并不占优势的原住民。

20 世纪 30 年代末的旅行和 40 年代初的体验，奠定了列维－斯特劳斯的人类学路径：同情原住民，对发展主义保持谨慎的疏离（需要强调的是，这不是对“浪漫原始主义”的推崇，也不是投身反理性、反现代之流），并由此提出了一种更彻底的科学而理性的“结构主义”。

实验室里的“结构主义”

1962 年出版的《野性的思维》是列维－斯特劳斯对萨特认为异文化成员缺乏理性思维能力的抨击（“一个对萨特炮火全开的攻击”，威肯语），虽然在今天看来，这只是一种文化相对主义的温和版本——我们已经逐渐接受文化的多元形式，不再以唯一的标准苛求他人——但在 20 世纪 60 年代刚经历奠边府蒙羞，以及掣肘于北非的法国，这更多的是带有人道主义的味道。我们看到，列维不仅强调“野性的思维”之存在意义，而且试图在他新近拥有的人类学实验室里找出“神话思维”的基本结构。而这一思路其实肇始于更早的阶段。

他在 1940 年代末申请博士学位的论文题目是《亲属关系的基

本结构》，他在论文中讨论、涉及全球数百种人类群体“亲属关系”，并试图从中归纳一些“基本结构”的根本目的，显然不仅是研究“亲属制度”本身，而且是提出一些全人类社会共有的“基本结构”。该论文囊括世界所有主要人群，将澳洲阿纳姆地、印度阿萨姆、斐济、秘鲁的社会与法国等欧洲社会相提并论，并不是如马克思等古典作者一般划分社会的高低等级，其实是将各个社会表面不同的复杂程度全部略过，从最基本的“亲属关系”中讨论他们的普世本质。

他对亲属结构的分析也许值得商榷，但由此延伸出的“结构主义”，却因其对人文世界的科学尝试成为20世纪后半期前段，社会科学界最重要的关键词。许多人会从索绪尔和雅各布森那里寻找“结构主义”的根源，《实验室里的诗人：列维－斯特劳斯》的作者威肯也概莫能外，但是，威肯遗憾地只用一句，“列维－斯特劳斯建议巴特一读普罗普写的《民间故事的形态学》”，就绕过了这对结构主义影响极大的“第三个人”。

列维－斯特劳斯在《结构人类学》第二卷中专用一章来研读俄国民俗学家弗拉基米尔·普罗普有关民俗研究的“结构与形式”。普罗普认为民间/神话故事版本的不同，是因其各种要素，按不同形式组织而成的——只要改变组织方式，将故事内容重新排列，就能得到一个神话的新的版本。列维－斯特劳斯在此基础上认为，一个神话与一个人群的对应是固定的，每个民族都有自己独特的神话构成方式，从某种意义上讲，这种构成方式与社会结构也是一致的。简言之，普罗普的“神话”是可变的，而列维的“神话”是有固定结构，不变的；这种结构，反映了结构拥有者的世界观。

并不悲观的保守主义者

虽然对“结构主义”的把握欠缺，但是作者最后提到，列维－斯特劳斯是一个保守主义者，这一点，他是对的。正如列维－斯特劳斯在联合国教科文组织会议上质疑“反种族主义”的立场，虽然“激烈地反对种族主义”，但他认为这种努力，是在助长“迈向一个世界性文明，其总倾向是摧毁古代的个人主义，而这种个人主义带来了我们的美学价值观和精神价值观”。

威肯认为，“列维－斯特劳斯因为够长寿，以致看得见自己最担心的噩梦成为事实：世界人口无情的膨胀、环境遭到肆意破坏、许多发展了几千年的文化被消灭”，这与他“半个世纪前即已弥漫在《忧郁的热带》里的悲观情绪”一脉相承。对于一个看过了整个20世纪的人来说，不能要求更多，作为诗人，列维－斯特劳斯并不盲目推崇遗世独立的“野蛮人”形象；作为实验室里的科学家，他努力揭示“简单社会”的普同结构，使之不致沦为“复杂社会”博物馆中的人类标本。从这一点来看，列维－斯特劳斯并不悲观，他的“神话学”事业延续到20世纪90年代，尽管追随者日稀，但这种对普世性的追求，已经借助这位“诗人”之笔成为人类思想财富的一部分。

5. 我们都是有良知的野蛮人*

《我们都是食人族》是列维－斯特劳斯在 1990 年代以后到他去世之前在报刊上发表的短篇文章合集。2013 年，该书由法国门槛出版社（Edition du Seuil）出版，现在由台湾翻译家廖惠瑛译出，有了中文版。因为这些文章没有收入《列维－斯特劳斯文集》，笔者对照了几本他的传记后面的“参考书目”，都没有提到，所以有点沧海遗珠的味道。本来没有特别期待，毕竟列维－斯特劳斯写作这些文章的时候已经是垂垂老矣，应该没有惊人的言论，笔者只是带有搜罗、猎奇的意味。不料该书读起来，还趣味不减。

---

* 本文为列维－斯特劳斯所著《我们都是食人族》一书评论，原文发表于《南方都市报·阅读周刊》（2015 年 5 月 24 日刊）。

本书颇为“吸睛”的标题取自书中第十篇的同名文章。法国人执着“食人”习俗有着悠久的历史,“启蒙运动”之前的思想家蒙田的随笔集中，就有一篇叫《论食人》。那位民族学遥远的鼻祖，描绘过“新大陆”部落民族处理俘虏的行为:“当着众人的面，两人用剑柄将俘虏打死，再将他烤熟，与众人一起吃他们的肉，并给未到场的朋友送去几小块。”然而，出乎意料，蒙田并不以此为“野蛮”，他觉得葡萄牙殖民者的方式更加野蛮，因为后者抓到俘虏后会把他们活活折磨致死。“吃活人要比吃死人更野蛮……更可悲的是，还都以虔诚和信仰作为借口，要比等他死后烤吃更加野蛮”，蒙田是这样认为的。

很显然，蒙田的思想中贯穿着一种朴素的唯理主义和相对主义精神，并深深影响了在他以后直至列维－斯特劳斯的法国人类学家。虽然法国人类学中并不缺乏启蒙精神，但蒙田的继承人还保留了另一种重要的思想源头：并不把文明与蒙昧当作截然对立的两面。很多时候，这种宽泛的相对主义会走向另一个极端（包容一切文化，以至于变得失去了自我的判断）；幸运的是，列维－斯特劳斯只是用这种相对主义精神作为自身的反省。

在《我们都是食人族》一文中，列维认为，现代医学为了治疗幼儿生长激素不足或不孕症，会通过人工注射的方式，为患者提供人体萃取的组织萃取物。这从实践方式上看，非常类似“食人”部落流行的做法，通过摄入逝去亲属身体组织，以传承死者人体、精神的愿望。他因此认为,“试图界定一者是野蛮与迷信的行为，另一者却是科学知识上的实践，这样的区分并不具有说服力”。当然，他不做“科学”与“迷信”之间区分的用意，并不在于肯定“食人”的可取之处，而在于强调只有暂时放弃“高下之别”的判断，才能更好地理解另一种文化。

列维－斯特劳斯为何要讨论这些问题，有一个深层背景。过去的时代中，人类学家与研究对象之间两不干涉的情况，在 20 世纪后半期以来，正悄然发生变化。《社会问题：割礼与人工生殖》一文写道，“随着移民的重要性日益增加（特别是来自非洲黑色大陆的移民）……许多律师求助于人类学家，一起为非洲移民辩护，因为他们亲自或请专业人士为他们的孩子执行女性割礼”。作为反对女性割礼的法国社会，如何面对盛行这一习俗的非洲移民？这是所有主张人口自由流动、文化自由交流的现代国家都无法逃避的问题。

人类学家在这种关头该如何做出选择？是应该认为“（女性）割礼是野蛮和荒谬的”，还是该“赞同这些信仰的人是无罪的”。这类问题不仅是人类学家需要考虑的问题，同样也是每一个现代社会成员必须思考的问题。值得欣慰的是，列维－斯特劳斯并没有做出暧昧的妥协，“这是否意味着我们应该顺应这些不同习俗？结论并非显而易见的。……在我们的国家，女性割礼会引起公众良心的抗拒。我们的价值体系，和其他价值体系一样有权受到尊重”。因此，他给出的肯定答案是，我们可以理解不同的文化，但并不意味着无条件地接受。

很显然，列维－斯特劳斯提到的“价值体系标准”对今日中国同样具有重大意义。在过去的时代中，一种文化只存在于这一文化占据主流的区域，但随着经济活动的发展，一种文化有更多机会随着人口的流动，进入一个它不占主流的地区。那么摆在当代社会面前的紧要问题就是，我们该如何应对这种新的状况？

已经去世好几年的列维－斯特劳斯先生给出了两个解决步骤，首先，我们应该抛弃文化的优劣之分，去掉自己的有色眼镜，意识到“我们都是食人族”的一面。其次，当文化融合引发价值冲突状况时，我们需要评估，某种文化选择（比如女性割礼）是否对文化实践者造成了身心伤害，如果这种文化违背了普遍的人类感受，我们有理由勇敢地说“不”，并致力于改善、消除其中的不良影响。因为理解和宽容，并不意味着委曲求全，忍辱包容。

一代人类学巨擘列维－斯特劳斯先生在写完这些短文后不久，就于2009年溘然长逝了。但他留给我们的并不是一团和气的道德箴言，而是富有启发性的犀利观点。该书开篇的《被处决的耶诞老人》，既幽默又有点新文化史的味道。而其《仅存在一种发展模式吗？》又以超前的视角思考了发展问题，部分观点被布鲁诺·拉图尔的《我们从未现代过》所继承。书中留下的人类学智慧，不断激发我们反思自己的生存之道，以更有勇气和决心的实践，去实现更好、更完善也更具包容性的人类生活。

6. 一种很不错的度过人生的方式*

人类学家遭遇新儒家

在柏林，年轻的杜维明在一次会议上提交了一篇论文，论文的主题自然是后来众所周知的“儒家的普世价值”。会上安排的评议人，便是当时已经声名鹊起的克利福德·格尔茨。他总结了杜维明观点中的三个困境：第一，儒家当时很多人未必知道，这只是一个地方知

* 本文为克利福德·格尔茨所著《追寻事实：两个国家、四个十年、一位人类学家》一书评论，原文发表于《南方都市报·阅读周刊》（2011 年 12 月 11 日刊）。

识而已，在这个专题上要与完全没有这方面知识的人沟通；第二，一个现代人要对传统文化进行诠释；第三，这还是一个跨文化的沟通，一个东方人要和西方人沟通。所以，这是跨学科、跨时代、跨文化的交流，这三个力量的结合所造成的语言上的困难是巨大的。格尔茨继续说，我看你的文章，你的语言方式总是“这不是说……”“这不意味着……”，你为什么用这样的语言方式，是因为你常常被别人认为你就是“这样说”，这不只是语言的困难，更是理解的困难（这则轶事，见杜维明所编《启蒙的反思》一书）。

这次交流的成果后来发表在《东西哲学学报》上。不过遭遇之后，山高水长，杜先生继续做他一辈子都在孜孜不倦的“儒家普世价值”研究，而格尔茨则以他在印尼和摩洛哥的多年田野调查厚积薄发，以《文化的解释》《尼加拉》《地方性知识》等著作成为20世纪后半期最重要的人类学家和思想家之一，当然，其中也少不了他1995年写作的自传体反思著作《追寻事实：两个国家、四个十年、一位人类学家》。

这本自传的副标题有点人生总结的味道，不过但凡能把人生中的四十年用来做一件事情的人，总令人肃然起敬。作为20世纪后半期，著述被人类学及其他社会科学领域引用最多的学者之一，格尔茨以他的解释人类学闻名社会科学界。1960~1970年，格尔茨在芝加哥大学期间“和那些不安分的同事密切来往来，投入到日后极具影响、也极富争议的重新全面定义民族志事业的努力中。……对人类学的重新定义，在于将对意义的系统研究、意义的载体及对意义的理解，置于研究与分析的核心位置，从而使人类学或文化人类学成为一门解释学的学科”。

显然，青年杜维明遇到的便是这个时期的格尔茨，“跨学科、跨时代、跨文化的交流”不但困扰着文明之间（儒家—西方）的交流，同时也困扰着从事文化“翻译”的人类学家。从格尔茨与杜维明的这番遭遇中，我们似乎已能窥到“文化阐释”的雏形，也能看到这场“科学革命”的萌芽。“在所有的人文科学中，人类学可能是最为质疑自身是什么的学科，而对这些质疑的答复，听起来更像是各种总体世界观或信仰的宣示，而不是对‘一门知识’的描述”。如何为人类学建立一套新规范（方法）是格尔茨面对的难题，为了给出一个答案，他开始了在两个国家之间四十年的旅行。

从印尼到摩洛哥

当我们站在“事实之后”看待四十年中发生的往事，我们需要回到学术巨人还是学术青年的那个岁月，重新绘制出这场“科学革命”的谱系。

1956 年进入哈佛大学师从克拉克洪攻读博士的格尔茨，在皮博迪博物馆偶遇一位教授，教授说：“我们正在组建一个团队前往印尼。我们需要两个人研究宗教和亲属关系。你和你太太想一起去吗？”从这一刻起，原本正在无忧无虑区分纳瓦霍人和祖尼人葬礼仪式的格尔茨，便和印尼、爪哇、巴厘岛结下了不解之缘。这个项目意在研究“文化”的各个方面：家庭、宗教、乡村生活、社会分层、市场、华人。在冷战背景下，人类学家前往这个曾经是荷兰殖民地、在“二战”后苏加诺民族主义情绪高涨、两大阵营角力的国度，颇有些争分夺秒的意思。

与当地革命大学合作的希望在妥协中化为泡影，格尔茨选择了繁荣的市镇——派尔作为调查地点。在之后数年里，格尔茨通过《爪哇宗教》获得博士学位，而印尼却不断陷入各种军事行动。1958年的苏门答腊，在信奉伊斯兰教的米南加保人首府巴东镇，和妻子一同调查的格尔茨被叛军阻隔，“母亲在美国打电话给国务院，他们告诉她已经有一个多月没有听到关于我们的消息，只能假定我们已经死亡”。

20世纪60年代中期，印尼爆发大屠杀，自由田野调查取消，“带着两个五岁以下的孩子回到那里，似乎是一件很可疑的事情”。格尔茨陷入“身为人类学家，却没有民族可供研究”的窘境（有趣的是，奥巴马的母亲斯坦利·安·邓纳姆倒是在1967年带着6岁的奥巴马搬到了印尼雅加达，后来还写成了人类学博士论文《逆境求生：印尼农村的工业》一书）。

剑桥的一次为增进欧美两国人类学共识而举行的会议上，一位看起来不那么社会化的年轻与会者对格尔茨说道：“你应该去摩洛哥，那里安全、干燥、开放、美丽，那里有法国学校，食物很棒，而且还是个伊斯兰国家”。会议一结束，格尔茨没有飞回芝加哥，而是直飞摩洛哥。于是，这个美丽的北非国家向没有田野调查地点的人类学家打开了大门。塞夫鲁镇的居民在之后的几年迎来了不止一个人类学家，除了格尔茨夫妇外，还有后来以《摩洛哥田野作业反思》《PCR传奇》闻名的保罗·拉比诺（他是格尔茨在芝加哥大学少数几位弟子之一），甚至以民族主义研究享誉学界的厄内斯特·盖尔纳也在附近研究柏柏尔人。

如果说印尼让人看到了新兴民族主义与传统文化的碰撞，那么摩洛哥则展现了殖民主义在传统文化中的烙印——一个启下，一个承上，人类学家靠边上。这十几年里，格尔茨也从芝加哥大学转到了普林斯顿大学的高等研究院，成为该院社会科学的第一个教授，开始了他专职研究的“隐居”生活。

34 — 35

解释变迁中的文化

格尔茨的四十年，从 20 世纪 50 年代中期前往印尼田野调查，到 1995 年本书英文版出版，是世界发生巨变的四十年。“人类学家站在照片中央……常常穿着白色衣服或野营制服，戴着头盔，兴许还留着一撮胡子；土著们则穿着当地服饰，这些服装通常十分简单，有时也会携带武器。照片的背景中，常会有一些风景，像丛林、沙漠、摇摇晃晃的茅舍，或许还有几只山羊或几头奶牛，散发着边远、隔绝和自给自足的气息”，这类景象已经不复存在。

50 年代末的巴厘岛居民，会问前来研究灌溉水坝、乡村集市、制冰工厂和磨牙仪式的人类学家：“我们想向您请教一个问题。印尼国家广播电台报道说，苏联人朝天上放了一个月亮……它说的这件事到底是真是假？”清真寺的长老会认真询问：“美国宇航员真的登上了月球？”而人类学家可能会和花旗银行副总裁、强生国际副总裁、沃尔沃汽车公司董事长、法国前外长一同访问摩洛哥国王。

50 年代以来民族解放运动在世界范围内的兴起，帝国主义从殖民地的撤退，伴随着传统世界激烈的现代转型，带给所有人——无论是前殖民地居民，还是前往殖民地的研究者，同样还有以往的写作模式——全新的感受与改变、全面的危机。变迁突然而至，昨天刚被记录的习俗，今天已经和新的元素融合，变换了模样；过去权威的民族志，可能连对应的实例都找不到了。所有人类学家犯难了，事实无从把握，真理不在人类学家手中，一切都在变迁之中：印度尼西亚从激进左派掌权转为右倾军人政府，摩洛哥送走了法国、西班牙殖民者，却旋即迎来了跨国公司，轮换的速度，比来来往往的人类学家还要迅速。

格尔茨祭出了解释学（诠释）大旗，变迁并不比静止更难把握，表面的变化，并不改变文化的内核，关键在于如何发现那些决定文化本身的内在层面。解释学的方法是：通过描述现象的全貌，展现变迁中容易忽略的细节，让文化的逻辑自然显现。其核心在于摹绘细致入微的描述过程，不亚于文学描写的丝丝入扣的刻画，当我们将一个市镇的道路交通、经济结构、文化习俗、人口构成等一一记录之后，这个聚落及其所属人群文化的盛衰、前世今生，自然全部在每个读者眼前徐徐流动。

知易行难，另一个研究巴西渔村的人类学家康纳德·科塔克同样用了四十多年时间（1962~2005）才细致描摹了当地在全球化中遭遇的变迁过程。而这种文化的解释更需要的是对文化的深刻理解，这无疑需要绵延四十年乃至一生的岁月。

现在，或许我们能更深刻理解格尔茨与杜维明之间的“知识鸿沟”，在谈到“普世价值”之前，或许少不了“对传统文化进行诠释”，只有这样才能避免空乏其辞，而这最需要的就是对某一文化细致的描述。

“追寻事实”是人类学家的工作与追求，“在如此多元化的时代，在如此多样化的人群中，……可能连自己到底在追寻什么都不太清楚”。但诠释文化的过程“却是一种很不错的度过人生的方式，它时而引人生趣，时而令人沮丧，却不能不说是富有裨益和充满乐趣的”。这或许就是2006年去世的格尔茨先生给我们最后的礼物吧。

7. 他是一只见证20世纪民族主义浪潮的“青蛙”*

“跃出椰壳碗下的青蛙”

在泰国和印度尼西亚有一种比喻，一只青蛙被扣在椰壳碗下面，“静静地坐在椰壳下，青蛙很快就开始觉得椰壳碗圈起了整个宇宙。”“对于这个印象的道德判断是青蛙无缘无故地心胸狭隘、迂腐守旧、深居简出和自我满足。就我而言，我在任何地方都无法久居

* 本文为本尼迪克特·安德森所著《椰壳碗外的人生》一书评论，原文发表于《澎湃新闻·上海书评》（2019年2月9日刊）。

到安定下来，有别于众所周知的青蛙。”

这段话出自本尼迪克特·安德森（以下简称本尼）的《椰壳碗外的人生》。在这段类似“井底之蛙”的寓言中，本尼以“跃出椰壳碗下的青蛙”自喻，概括了自己始于中国云南昆明，穿梭于东西方之间，数度徘徊于东南亚岛屿，绵延近 80 载的人生经历，如同那只跃出椰壳碗的青蛙，拥有了一个更完整的世界。

对于中国读者，相信绝大部分是通过他有关现代民族主义的宏论《想象的共同体》一书，熟悉了这位几乎跨越整个 20 世纪的作者。（小部分人可能是通过他同样著名的弟弟，左翼历史学家佩里·安德森而知晓他的。）本尼在序言中谈到，他写作《椰壳碗外的人生》的目的，最初是接受一位日本编辑的邀请，向东方读者介绍一位非典型的欧美学者的学术探索之路。在日文版问世几年后，他接受弟弟佩里的建议，将该书以英文版形式出版。我们手中这本小书，就是根据英文版所译。

虽然应日方编辑要求，书中专为非西方读者设想，主要介绍作者“在爱尔兰和英国的教育，在美国的学术经历，在印度尼西亚、暹罗和菲律宾的田野调查”，“以及我对西方搞笑和所偏爱书籍的一些思考”。不过，正如本尼在第二章中提到的“我不得不说，我亏欠暴君苏哈托将军一种奇怪的恩情，他 1972 年把我逐出印度尼西亚，拒绝我入境，直到他 1998 年倒台。因为这个原因，我被迫多元化。……我非常感谢他迫使我超越‘一个国家’的视野。倘若我没有被驱逐，我是不可能撰写出《想象的共同体》的”。

与其说这本有关“椰壳碗下青蛙”的自传作品，是对作者一生的回顾，不如说更像为《想象的共同体》写下了一篇漫长的注释。

38 — 39

本尼迪克特·安德森年谱

《椰壳碗外的人生》既然作为一本简短自传，那么要解读这本作品最好的方式，莫过于通过年谱来清晰呈现本尼的生平，洞悉他所经历的人生，感受他的感受。所以，我们不妨拿出做历史的精神，通过书中的内容，为他的一生辑出一张简单的年谱。（吴叡人所译《想象的共同体》在卷首的导论部分，也为本尼作了一个小传，本年谱也有参考。）

1936 年的夏日，本尼迪克特·安德森出生于云南昆明。他的父亲当时供职于中国海关，这个机构事实上旨在为中国政府服务，保证中国在进出口贸易中获得足够收入。两年后弟弟佩里·安德森在上海出生。五年后，一家人本想在美日太平洋战争爆发前从中国返回爱尔兰故乡，但因战争所阻，寄居美国四年，其间又迎来唯一的妹妹出世。本尼有关中国的印象，或许只能从父亲留下的那些中国性学藏书中，找到一些回忆。

1945 年，年满九岁的本尼，终于随家人回到了爱尔兰。可刚到故乡就遭遇父亲病逝的变故。从此由母亲一人将他和弟弟、妹妹培养长大。两兄弟相继开始了在爱尔兰和英国之间的青年时期学习生活，先后就读伊顿公学和剑桥大学。大学期间一次偶然机会，本尼加入了印度和锡兰学生对苏伊士运河归属权的抗议活动，却遭遇了英国学生的霸凌。这一事件在日后对他的民族主义研究视角产生了深刻影响。

1958 年，在剑桥完成古典研究学位后，23 岁的本尼前往美国康奈尔大学政治学系担任助教，在政治学家乔治·卡辛门下攻读印尼研究。这时，朝鲜战争刚结束不久，越战爆发在即。20 世纪 60 年代初，本尼追随卡欣、班达和格尔茨的脚步，来到印尼雅加达，像人类学家一样，开始了田野调查。他的田野调查除了领略一个由爪哇音乐、皮影戏、面具舞、灵魂附体组成的异文化世界外，还揭示了一个更复杂的印尼。该国在“二战”后摆脱了荷兰殖民统治，最终走上独立的进程，曾经的侵略者——日本——扮演了至关重要的作用。后来他凭着这样一项研究，在十年后（1967 年）完成了《革命时期的爪哇——占领与抵抗，1944~1946》这份博士论文。不过，他与印尼之间的缘分很快中断。

1965 年，印尼政局经历剧烈动荡，本尼与康大同学一同编纂了《1965 年 10 月 1 日印度尼西亚政变初探》报告，由于这份报告真实揭示了苏哈托政变意图，使本尼成为军政府的大敌。从此在长达 27 年（从 1972 年算起）的时间里，本尼被禁止入境。直至 1998 年他才有机会再次回到印尼。

1974 年以后，由于印尼向他关上大门，如何解决新的研究方向这一问题摆在了他的面前。当被问及“如果无法继续追踪早期的田野工作该怎么办”，他以自身经验给出了自己的答案，“转眼研究相邻国家，就我而言是转向暹罗和菲律宾”。他在将近 40 岁的时候，从零开始学习泰语。后来又在 51 岁的时候，从头开始学习菲律宾的一种主要语言：他加禄语。就是为了继续把视野留在他所关注的东南亚。对这两个国家的研究贯穿在他 20 世纪 80~90 年代的生涯中。

1983 年，他正式担任康奈尔大学东南亚专业主任。不过，这一年里更重要的是另一件事情。二十年来，从印尼、泰国和菲律宾积累的研究经历，促使他完成了《想象的共同体》一书的出版，虽然该书在美国反响寥寥，但在大洋彼岸的英国学界，引起重大反响。

其中一个原因或许是,"'二战'之后关于民族主义的重要'理论'著作几乎全是在英国写作和出版的",他们的作者包括埃里·拉杜里、厄内斯特·盖尔纳、埃里克·霍布斯鲍姆,以及汤姆·奈恩。

他在书中将近代社会以来的民族主义浪潮分为三波,分别是美洲国家独立运动、欧洲民族国家兴起,以及 20 世纪以来,他所亲身经历的亚洲国家独立运动。他尤其将第一波与第三波民族主义浪潮做了对比,勾勒出一段"受到束缚的朝圣之旅"对殖民地"民族"创生的重要作用。

1994 年,本尼成为美国科学与艺术学院院士(他在本书中,并未提到这点)。四年后他的另一本重要著作《比较的幽灵》出版,在这本书中,他又一次重新审视了给他无数灵感的亚洲诸国在 20 世纪民族主义浪潮中的命运和选择。同年也获得美国亚洲协会颁发的"卓越终身成就"奖。之后又与受人尊敬的印尼作家普拉姆迪亚同获福冈学术研究奖。

2005 年,本尼开始了《三面旗帜下:无政府主义和反殖民想象》的写作,他把民族主义者发动的暗杀行动作为自己的研究兴趣。而此时,亚洲文学和电影评论,日益成为他晚年的爱好。

2009 年,放下所有工作,正式退休。

见证帝国时代的终结

做完上述的工作之后,从这份年谱中,我们可以清晰发现,本尼与亚洲所具有的天然的联系。这种联系，又和一种巨大的趋势具有千丝万缕的联系，这种联系就是殖民主义的潮涨潮落。

仅从书中留下的文字上看，如果不算他儿时留下记忆的越南保姆的话，本尼童年时代与中国（亚洲）的联系，在他五岁离开昆明后，就被一笔带过，余下的那些也不过是通过父亲传递的信息，属于上一辈的记忆。这同他日后与亚洲更强烈的牵绊之间，似乎缺少了一种更直接的联系。

然而事实并非如此，本尼之所以出生在中国昆明，是因为其祖父与父亲的经历，他的祖父作为大英帝国的军官，19世纪后期曾被派驻英属槟榔屿（马来西亚）。他的父亲便出生于马来西亚，后从剑桥大学退学，进入中国海关工作。在其间的三十年中，从中国东北，到云南蒙自、重庆、南宁都留下过他的身影。因此本尼和佩里两兄弟之出生在中国，只是三十年这个大概率事件中一个确定的结果。

从马来西亚到中国昆明，安德森家的三代人，向着远东日益进发。这背后是大英帝国向东发展的顶峰。接下来就是殖民体系的衰落。参考一下曾为英国殖民地官员乔治·奥威尔所作的《缅甸岁月》，读者或许就能对全球殖民主义的变化得到更清晰的认识。书中描述的英国警察和商人在缅甸的窘困遭遇，折射出最近一百年来，来到东方的西方殖民者不再保有之前两个世纪建立的优势，受到日益兴起的本土力量的挑战。

与祖父辈自西向东、自南向北相反的那个潮流，恰好就构成了本尼一生中，生于中国，最后选择印尼、泰国、菲律宾为研究对象的生命轨迹——短暂地生活于中国后，再次回到了他的祖辈驻足的东南亚，并最终返回了欧美，仿佛一条对称的钟形函数曲线。

始于西欧的殖民历程，从距离欧洲最近的非洲、美洲开始，到

18 世纪时，扩张到南亚、东南亚。最后于 19 世纪抵达东亚。从地理上讲，中、日作为球形星球表面上距离西欧最遥远的两个国度，既是最晚受到欧洲殖民影响的国度，也顺理成章地成为最先摆脱殖民，完成驱逐殖民者革命运动的国家。

事实上，日本在这个进程中走得更加彻底，不但率先实现了“脱亚入欧”，而且加速了西欧殖民体系在远东的瓦解。正如本尼后来在《比较的幽灵》中写道的那样，在打破西方殖民统治的过程中，那些“二战”后一举崛起的领导者，既可以是日本占领时期接受军事训练的苏哈托、李光耀，也可能是日据时期试图“依靠日本实现民族独立”的苏加诺、昂山将军。

这一切既为本尼一家在 1941 年为避太平洋战争而离开中国，也为他日后选择印尼作为研究对象埋下了伏笔。他在书中道出了自己决定研究印尼的日据阶段的原因，“我一直（表面上）对日本感兴趣。我和母亲过去常常就此有礼有节地争论——她坚决地支持中国，痛恨日本”。

不过，如何精准描述印尼、缅甸、泰国这些前殖民国家摆脱殖民宗主国的历程，是摆在本尼面前最大的难题。冥冥之中，他的爱尔兰 - 英格兰祖辈的记忆，给了他最大的启发，真正帮他化解了困境。

几个世纪前，大英帝国（及更早的西、葡、荷兰）的殖民体系在敛取殖民地财利的同时，还实践着启蒙主义的理想和实用主义（用我们更熟悉的话说便是“以夷治夷”），在每一个殖民地都催生了一个具有民族主义意识的本地精英社会。正是这样一类兼有帝国知识（掌握双语、懂得书写和管理技术），又与宗主国理念（充当外扞的中坚）渐行渐远的阶层，正式结为一个“想象的共同体”，为推翻殖民统治，埋下了伏笔。20 世纪初，独立的爱尔兰共和国的出现，就是发生在大英帝国内部的一次民族主义浪潮。而这一切，又与 20 世纪的日本，通过征发印尼、缅甸当地军事精英加入帝国行动，并最终实现了东南亚民族国家的独立，有着殊途同归的路径。

从自己的经历中，本尼找到了解开亚洲民族解放迷思的钥匙，而这番比较政治学的尝试，也帮助他最终完成了那本深镌于人文学术领域丰碑的《想象的共同体》。

无力反驳

本尼来自西欧的岛屿国家，选择亚洲的一个世纪，见证了殖民主义的潮起潮落，本尼迪克特·安德森最终成为那只跃出"椰壳碗下的青蛙"。他一生中始终表达了对非西方社会的极大同情，这或许就始于那种与殖民主义始终保持距离的疏离感。

"民族主义和全球化的确有限制我们的观点和把问题简单化的倾向"，本尼在《椰壳碗外的人生》结尾写道。诚然，本尼在不经意间发现自己陷入一个自设的悖论，在民族主义和国际主义中的两难选择。作为爱尔兰的一分子，他在内心希望民族主义可以让类似这个西欧小国的文化体继续保持独立性，置身于全球一体化之外。然而，他又无法反驳，事实上正是这场"全球化"的进程，让他有机会跃出一隅，拥有"椰壳碗外的人生"。

不过，在亲自解开这个迷局之前，这位以民族主义研究著称的学者已于 2015 年去世。他于去世之前，完成了《椰壳碗外的人生》英文版的最后修订工作。在那之前，他最后一次访问了中国，回到了他八十年前出生的那个国度。

第二编　走进人类学方法

我们印象中的人类学方法及各种分支方向看似五花八门，犹如硕博论文“方法论”部分天花乱坠却永远不会一一用到的篇幅。其实，如果回到之前提到的那个“我们究竟能否理解他者的文化”的核心问题，那么这些令人眼花缭乱的方法论都能万径归一。

人类学家大多数时候没有现成的文本可供参考，因此同时兼具文本的采集者与收集者之责，需要将各种形式的观察数据，以文字的形式“扫描”输出。而具体的人类学研究方法，其实就是针对不同对象，采取不同采集-输出技术，最后将趋近标准化的文本并置比较，实现对异文化的解读。

对于一般意义上的人群或网络人群，人类学家会选择不同的参与方式。针对不同的主题，从艺术到植物，人类学家将采用不同的扫描策略。而在面对气候或灾害对人类的影响时，人类学家则要诉诸不同的人类文化的数据库。

1. 我曾做过田野，我看到了*

2003 年的时候,《天真的人类学家：小泥屋笔记》出版了简体本，那时我刚在人类学的大门附近亦步亦趋地徘徊缓行；2008 年，从老师那里，我复印了《天真的人类学家：重返多瓦悠兰》（续篇）的台版繁体本，稍能抚平我在学术岔道上踯躅焦虑的心绪。2011 年的夏日，我看到了《小泥屋笔记》的合集。与此书相伴将近十年，我早已不是“天真的人类学家”了，但每一位与“小泥屋”相伴成长的人类学者，都依然怀着一颗“天真”的心。

---

* 本文为奈吉尔・巴利所著《天真的人类学家：小泥屋笔记》一书评论，原文发表于《南方都市报・阅读周刊》（2011 年 9 月 18 日刊）。

本书的作者奈吉尔·巴利，作为牛津大学人类学博士、大英博物馆民族志学组附属人类博物馆前馆长，就是这样一位常怀“赤子”之心的“天真人类学家”。用他的眼、他的口、他的笔，在将近两年的时间里，为我们描绘了非洲中西部北喀麦隆生活的一群山地民族——多瓦悠人生活的点点滴滴。把浪漫、真诚又不乏豁达的人类学种子，种入每一位读者的心里——当然，还有他的牙、他的肝！

人类学家穷折腾

在排除“活在列维－斯特劳斯阴影下”的南美，政治动荡的印尼，“恶臭浊热、疾病丛生”的赤道几内亚之后，北喀麦隆一个异教山地民族偶然进入巴利的视野。几篇法国殖民官员和旅人所写的东西，从“国际非洲研究所”调出，“头颅崇拜、割礼、哨叫语言、木乃伊，素以顽强野蛮闻名”，打开了巴利在今后两年中生活的黑洞之门。

这一切的源头与某个怪异学术团体神秘的“成人礼”——田野工作——有着密切关联，在这个团体中，哪怕你有着博士学位，利用汗牛充栋文献堆砌过恢宏的理论大厦，别人只消一句充满同情的“从未做过田野调查”，便足以摧毁你全部的自信。因为，“他们曾做过田野，他们看到了”，而你没有。于是，巴利先生需要离开牛津大学的课堂，前往西非的前法国殖民地。

确定了田野地点，第二步就是要“说服奖助审查委员会”，“强调自己的小小研究对人类的续存将产生广泛影响”，实际当然是为了搞来一笔调查和旅行经费。只是，经费支出的说明上，堂而皇之地写着：为了多瓦悠人“基本民族志数据”的收集。

和机场海关打交道，和地方官员打交道，这份名单中至少还有莫名其妙的西方旅行者、地方教会的欧洲传教士、当地掮客、卖春的肥胖妇女、地方警察局长、县长等各色人等，这时是到达田野两个月之后，一个多瓦悠人都还没出现在巴利的眼中。这已经不知是《人类学的问询与调查》指南提到的第几步了。这时你会很焦虑，因为跨国银行的汇票不知在哪个外国支行的抽屉里歇着，最后由于过期直接被寄了回去；这时你会很沮丧，因为所有的官僚知道“不知道”“不行”就是多瓦悠人的名字。没有热带雨林，没有宝藏，没有穿草裙的原始美女，只有非洲的干旱和无情。

不过，巴利的忍耐为他赢得了胜利。身体发福，穿着长袍，“佩剑，戴着太阳眼镜”的多瓦悠酋长，在覆盖着茅草的泥屋下等着我们的人类学家。和酋长一起等待的，还有疟疾，“迎面撞墙，扑翅掉在你脸上”的热带蝙蝠，三个星期的大雨，偷走粮食的人……

为什么要去观察“割礼”

或许你会问，人类学家为什么要这么穷折腾？按照《裸猿》作者、灵长类动物学家德斯蒙德·莫里斯的问题，人类学家为什么要

“分散到天涯海角那些死水一潭，长期停滞的文化中去”，带回那些“奇异的婚配习俗、奇怪的亲属称谓、怪诞的原始宗教仪式”？这就不是一句“奇妙的异文化”“成人礼”，或者一个“酷”字就能概括的。

《枪炮、病菌与钢铁》的作者贾雷德·戴蒙德的观点或许值得参考，我们对人类群体（尤其是对应于某种特定生态环境之中）的社会行为——也即是我们所说的“文化”——充满好奇，但由于人类社会的基本伦理，我们不能把一群人放到一个给定的环境中，把他们当作实验观察对象。但现实世界中，那些生活在“天涯海角”，海岛、丛林中的小规模人群，提供了替代性实验的可能。我们能通过他们在当地环境下发展出的“极端”的文化模式，了解人类社会自身在道德、伦理、智能或各种适应性方面的最大极限。简言之：用极端情况来暴露人类良知的底线。

另外，这些异文化同样肩负着提供更多“选择路径”的重任。如果同样的原因在不同文化中产生不同的结果，那么我们就不应将本文化中的某一观念或信条，当作永远不可违背的金科玉律，并如“强迫症”一般报以苛责的态度。例如巴利发现，多瓦悠人和世界许多其他文化一样，“婚前怀孕不算污名，反而颇受欢迎，它证明女孩的生育能力”。按照这一思路，如果我们能记录并揭示尽可能多的“异文化”现象，并将它们与我们自己的文化“并置”，或许就是对某种偏见最好的攻击与修正了。

那么，巴利博士千里迢迢，历经万难的终极目的——观察多瓦悠人男性成年礼“割礼”仪式——的意义，就不言而喻了。他究竟是想丰富我们对成人仪式这一文化现象的认识，还是想说明“伤残”行为对男性勇气的体现呢？这点，他好像忘记告诉我们了……

无害的白痴

虽然带着为人类文明整体添砖加瓦的美好愿望，但是，要把每一种文化中与众不同的那一部分记录下来，没有现成的文献和资料，少不了民族志学者的亲力亲为。把发生的转瞬即逝的文化行为全“扫描”下来，以文字的形式“输出”，变成可供所有后来者参考、比较的“文本”。

因为不知道什么是有用什么是没用，也不知道下次再来时，那些“天涯海角”的人们是不是被海啸吞噬了（安达曼人）、被火山喷发物掩埋了，或者被反政府武装消灭了，只好把所有的东西统统记录下来，以备不时之需。不仅如此，为了防止错过可能发生的事情，错失与记录对象交流沟通的机会，少不了要与土著一起生活。于是，作为文化记录者的巴利就必须带着土著翻译，住在酋长家边上的小泥屋外面了。

学习语言，是沟通与记录的第一步骤，既要有不懈尝试的毅力，也要有足够厚实的脸皮。“多瓦悠语言里，猥亵与正常只是一线之间，音调稍加改变便会改变疑问质询，使正常句变成问句，还是最猥亵不堪的字眼。”不仅如此，他还“常以蠢笨的问题累死主人，还拒绝理解他们的答案。甚至还有可能将答案透露给外人知道”，并让当地翻译替他道歉。好在土著有种先天的免疫机制，至少可以把人类学家当成“无害的白痴”，至少在经济方面能为村子带来一点实惠。

与土著共处的生活有苦有乐，人们之间的交往难免，何况还是与一群文化迥然、习俗殊异的民族。文化上的问题还来不及解决，生活上的困境又接踵而至，脚趾缝里跳蚤产下的卵，足以让人奇痒无比，寸步难行，治疗方法要以“安全别针挑出，不致刺破卵囊”，可为了担心留下虫卵，只有“挖下好大块肉”。如果这还不是最糟的，那么开车出门，掉下十多米的山坡，撞上了颚骨，撞掉了门牙，也还没到尽头，为了拔牙装假牙而在非洲医院中传染上肝炎才是真正的欲哭无泪。

身体上的苦还都不算，如果像巴利那样千辛万苦回到家里，等来一句朋友的问候，“你两年前忘记在我家里的毛衣什么时候来拿？”你还会如此热爱这门学科吗？答案是肯定的。他用调侃轻松的口吻吐槽了人类学家在田野里能遇到的所有事情，欢乐之余，那是一种自信，因为他能毫不含糊地说出“我曾做过田野，我看到了”，而你没有。这是一份真爱，还有你可以感觉到的——骄傲。

2. 时代各有问题，田野无处不在*

古典与现实的田野

“雨一停，我们便在一片黑暗，多树叶的森林中前进，林中充满新鲜的味道和野生水果，像肉质厚重味道浓烈的‘简尼巴波’果，或‘瓜味拉’果，……表示那里以前曾是印第安人整理过并种过农作物的地点。……这是沼泽的河道，既无河源也无出

* 本文为林恩·休谟和简·穆拉克编著《人类学家在田野——参与观察中的案例分析》一书评论，原文发表于《南方都市报·阅读周刊》（2011 年 2 月 27 日刊）。

口，里面有不少食人鱼……从这以后，我们便进入潘塔那勒心脏地区。”

我已经很久没有翻开法国人类学家列维－斯特劳斯的《忧郁的热带》了，然而，每当我想起这本集旅行、田野、异文化于一体的名著，书中那种令人迷恋的自然主义与神秘主义，便随着“简尼巴波”果的浓烈味道和食人鱼沼泽散发的雾气扑面而来。就这样，当“人类学家”“田野”这两个关键词从林恩·休谟和简·穆拉克编著的《人类学家在田野——参与观察中的案例分析》（以下简称《人类学家》）一书中弹出时，我几乎以为将再次嗅到相同的气味。不过事实上：“他把我介绍给市长，也是一位国家行动党党员兼妇科医生。这位市长年轻、英俊、富有魅力，他向我伸出手来，谦虚地用英语说，‘你好，我是市长。’我立刻就喜欢上他了。我即将要在这样一个城市，一个由一位年轻、英俊、右翼的妇科医生所领导的城市中，开始研究政府规制下的妓院了。”

20 世纪 40 年代，列维－斯特劳斯抵达南美时，那是一个“民族志方兴未艾、对异国风情浪漫追求，满怀天真热情的年代”。而今天，曾经与丛林、印第安人和奇风异俗为伍的人类学家已经改变了他们的工作环境和研究对象，更多的时候，他们需要面对的是性工作者、残障人士、中学改革者、克罗地亚中产阶级移民、基督教原教旨主义要蛇人、地下经济网络中的毒贩、监狱中的囚犯、跨国企业高级干部……这些看起来不那么神秘以及能激发想象的人群。还好，在研究性工作者遭遇潜在的“尴尬”之前，还有机会遇到一位“年轻、英俊、右翼”的妇科医生兼市长。

56 — 57

变迁与多样的田野

本书的 15 位撰稿人分别从一个自身经历过的“田野调查”地点，通过对田野本身和研究对象的描述与反思，向我们展示 21 世纪在田野调查的人类学家和他们的田野。

如果说 20 世纪或是更早的人类学家更多时候是在“探险”——前往丛林或海岛，记录“文明”社会未知的文化和生活——为的是满足人们对未知的渴望，对遥远异族的猎奇心理。那么今天的人类学家研究的“性工作者、残障人士……地下经济网络中的毒贩、监狱中的囚犯”的意义何在？这是今天的人类学家最经常需要回应和解答的问题。

答案是：每个时代都有属于每个时代的问题，通过对田野调查对象的描述，帮助人们了解、认清、分析、解决属于这个时代的问题，是人类学家进行田野工作的原因。

20 世纪 30 年代费孝通写成《江村经济》，是因为“一战”与“二战”之间，短暂繁荣期的世界经济，给中国农村传统社会—经济结构提供了变迁的动力，如何通过对变革中农村社会的分析，找到中国农村发展的方向，是费先生在“江村”田野中试图回答的问题。同样，20 世纪 80 年代的费孝通，开始关注“小城镇”建设，这又与当时中国社会结构变迁过程中，对经济发展的诉求结合在一起。他的田野调查不再局限一村一地，关心的问题也“与时俱进”。

那么《人类学家》一书中提供的 15 个个案，讲述了 15 个田野故事，就不仅仅是人类学家自身的喜好和经历，更像是整个时代的缩影。无论是土地问题冲突中的性工作者、收养孤儿家庭的父母、试图满足性需求的残障者、监狱的看守与囚犯、自杀的太平洋岛民、肯尼亚的毒贩等，都不是被类型化或标签化的孤立群体，而是每时每刻变化世界中的一个有机组成，尽管许多时候，这些游离于中产阶级生活的视域之外，但是这些同样是今天我们身处社会中时刻发生并挑战我们道德秩序的现象。既然我们的社会—经济过程是这些关于贫困、痛苦，以及伦理问题的源头，那么21世纪的人类学家就有责任将这些困惑作为新的田野地点。

“我们吃人类学家”

我曾在西北某个小城市做过短时期的田野工作，那个城市以众多的清真寺和恢宏的拱北（著名阿訇的墓地）而著称。我当时需要进入一座拱北，与某位在世的“老人家”交谈。尽管之前有过在朋友陪同下进入的经验，但作为一个在以汉文化为主流地区成长的人，当我第一次需要独自面对陌生的人群，进入陌生的“田野”场景时，总会不自觉地紧张起来。幸好，每次我都能遇到善良而好客的朋友，许多朋友与我的友谊延续至今。

不过在多数人眼里，人类学家只是过来收集信息就跑的匆匆过客。《人类学家》就提到，至少在毛利人眼中，人类学家就不那么受欢迎了。

一天，吃午饭的时候，我问围着一把空椅子的人们我是否能加入他们。他们问道："你是人类学家吗？"我说我不是，虽然不确定但还算诚实，他们于是用一个玩笑欢迎我："那就好，因为我们吃人类学家。"在这次有趣的吃饭过程之中和之后，他们让我意识到他们对那些"研究完就走"的研究者敌意有多深：他们是访问者，会问许多问题，获准参加那些本来是不允许参加的仪式和私人生活，然后就离开去写书，为自己赢得声誉和前程。而这些参与观察者以前的主人通常什么也得不到。更糟的是，一些主人发现自己被这些"专家"们剥夺了很多权利，因为专家们回来会宣称自己对该社群及其实践活动"真实性"拥有权威的发言权，有时甚至是当地人会丧失更多的土地、财产和知识。

人类学家究竟该如何做田野，不但出于职业声望的角度，甚至从个人生命安危的角度，也是一个值得思考的问题。曾经有位在菲律宾猎头民族中进行田野的人类学家威廉·琼斯就是因为当地人"未及时将他的物质文化藏品送往低地，令他极度受挫。心急火燎，恶言辱骂伊隆戈同伴，随后还威胁要把一个老人送进监狱"。于是，当地人没有开玩笑要"吃掉"他，而是真的猎了他的头。

故事毕竟是久远的传说，对人类学家而言，个人沟通技巧与为人处世之道，也是重要的专业技能，也是全身而退的法门，毕竟满怀壮志要在黑帮地盘上研究地下经济，并试图了解边缘人群的人类学家似乎并不罕见。

“民族志磨坊里的谷物”

尽管大多数时候，人类学家以科学家自居，但不可否认的是，每个人类学家与他们的研究对象都是活生生的个人，各种感受的交织，情感的触动免不了影响研究的结果。不过，不要紧，承认这种“沮丧、尴尬、疲倦和窘迫”并不是一件太糟的事情，而且越来越被看作田野叙述中一个有益的维度。虽然“许多人仍然相信，充满焦虑的‘忏悔故事’的个人化田野叙述，存在损害民族志工作有效性的风险”，但是，“如果一定要谈到田野工作中的负面经历，这些经历通常被认为是必不可少的，是民族志磨坊里的谷物”。

现在，通过《人类学家》中的15个案例分析，我们可以很清楚地了解有关21世纪的人类学家和他们的工作，以及他们的困惑与反思。虽然未必尽善尽美，但他们一直努力向我们讲述无处不在的生活，与生活其间的人们。

3. 我们该如何研究中国*

“1979年初，首个由七位美国学者所组成的小组进入中国开展长期学习和研究。……他们不仅仅被允许进入中国，他们也被允许在乡村里呆上很长一段时间”。海外学者们兴奋地以为“民国时期的（中国）社区研究，其复兴好像触手可及了”。但这种兴奋情绪并没有持续很长时间。“数十年封闭隔离之后的突然开放，加上中国行政部门的控制措施的不可预测，促成了这种以随机和偶然为特征，而非以仔细规划为特征的研究风格的发展。”这就是近日出版《在中国做田野调查》（以下简称《田野调查》）一书的编者曹诗弟

* 本文为曹诗弟和玛丽亚·海默主编《在中国做田野调查》一书评论，原文发表于《南方都市报·阅读周刊》（2012年8月12日刊）。

和玛丽亚·海默对 20 世纪 70 年代末以来中国社会研究局限的看法。

我们该如何研究中国，尤其是变迁中须臾不同的中国？是给无论海外，还是本土研究者提出的问题。随着社会—经济发展一同到来的诸多新的现象，让贸然进入村落或社区的研究者大呼不解，惊诧地发现，柏油路、瓷砖楼房替代了以往的泥墙茅屋，村庙的菩萨也住起了新房，新的开放政策和新的话语，在人们的生活中留下了深刻的印迹。不过，每一个热爱中国、潜心研究的人应该知道，文化（传统）并没有消失，它只是发生了变迁。

从 20 世纪 80 年代起，以《写文化》为代表的系列反思之作，已将田野调查遭遇的这些现代主义之“后”的问题列上了讨论议程，并试图解决田野中遇到的“后现代”困境。学者们纷纷从最基础的方面提出了应对方案，“研究者做田野笔记的过程并不是简单地依靠天生的敏感性和洞察力，还运用了可以习得并熟能生巧的技能”，三位人类学家在《如何做田野笔记》(以下简称《田野笔记》)一书中提出了自己的看法。对已有的人类学研究前提和程序进行了归纳，帮助我们更好地认识解决研究中遇到的问题。

解开“十星家庭”的秘密

“我们身边来了一群充满不满情绪的农民；不一会儿，我们甚至就无法听懂他们谈话中的哪怕是一个词了……当小王把主要短语翻译成普通话之后，我意识到小王不但把当地方言翻译成了标准的中文，而且他还把百姓语言翻译成了干部语言。”田野调查带给中国或是外国研究者的第一道难题，毫无疑问就是语言，而如果我们将语言以文字的形式呈现出来后，其中转换过的内容将发生更大的变化。这给田野研究者提出的问题是，我们该如何阐述这些来自不同层面的信息，我们该用第一人称，还是第二人称，甚至全知视角，来呈现“到底发生了什么”。如果我们了解自己的视角，掌握应有的记录方法，就不会向一个“年轻”农民问出“你有没有考虑过，为你的祖国和人民负起责任？”这样的问题了。这位田野记录者或许会对他/她的调查对象，提出一个更合理的问题。

“如果我们简单地认为田野笔记的撰写就是研究者将所见所闻写下来的过程，那么未免过于简单化了。”而对于一个与研究对象相处不多的国外或国内研究者，更变得“只是将观察到的事实照搬进笔记”。欧博文在《田野调查》中发现，“中国充满了本不应该是那样的事情，而这些事情，却是访谈对象乐于端给我们的”。田野调查对象从自己的立场出发，倾向于把每一位外来的研究者都判别为能在一定程度上给当地社会提供“资源”的潜在对象，于是在研究者看来，访谈对象乐于给他们提供各种信息，唯独不是他们所需要的。不过，对于熟练的研究者来说，任何信息都不是无“意义的”，为了发现这些意义，我们不但要记下所见所闻，还要通过笔记“呈现场景”。

因为，人们的一举一动都有其背后的“剧本”，为我们写作这些剧本的，就是文化。为了呈现这些文化剧本，研究者需要把观察到的“基本场景、背景、物品、人物和行动”细节一一描绘出来。通过这种描写既能帮助观察者了解一个貌似“本不应该”行为的含义，又能借助这个场景了解社会行为的逻辑。于是，通过《村民委员会组织法》实施情况的“场景描写”，研究者能了解一个山东农村“十星家庭”的话题：这些“星”跟正在拟订的村庄章程有关，而家庭会因为完成各项任务而获得“星”，比如交税、守法……不让猪跑到别人的地里、孝敬老人等。有了这个场景，我们或许就能理解访谈对象所说的“年轻姑娘不愿嫁到少于八星的家庭去；干部家庭如果低于八星或九星，就有可能失去位子……”这些话的实际意义了。正是这些描写，将费解的“星星”（符号）与婚姻关系、村落的政治地位联系在了一起。

站在“被发展者”的一边

许多人误解了人类学研究的本意，我们的研究本身不为理论对话，也不为解构理论，而在于“揭示被研究者的意义世界”；这也是哈贝马斯“交往行为理论”的实践前提——只有揭示他者行为的意义，沟通才成为可能。《田野笔记》的作者指出了调查的关键在于“以敏锐的笔触将当地人眼中事物的含义记录下来，然后让那些对这一特定社会生活环境并无了解的广大读者知晓和理解当地人的意义世界。”

《田野调查》的一位作者跟踪了联合国儿童基金会与中国公安部门展开的“打击拐卖妇女儿童犯罪”的合作项目。他转述了对一位被拐妇女的访谈，“她告诉我们，你们不要想带我离开这里。这里比我老家好多了。我可以吃足够的粮食，还不用下地干活，只照顾家里就行了”。这显然与研究者的经验和知识不符，研究者认为

“她是被非法卖到这里的，应该被解救，但从她的经验来看，是不是‘非法’拐卖并不重要，她的生活由此得到改善，因此拒绝别人的解救”。尽管这位妇女的生活依然穷困，“但她的理解是只有这种选择才对她更有利。”同时，研究者也从被拐妇女家乡山区的经验获知，“她们在家乡不仅要做所有的家务劳动，还要下地干活，等于双份工。”

研究者并不是为犯罪者辩护，而是一再提醒我们“局内人”对意义的不同理解。研究者再次援引那位被拐妇女的视角，“原来在老家时，有电灯但没电视……现在家里有电视”，尽管接收质量不好。研究者与“局内人”在谈话中都谈到了电视（这是了解“拐卖”妇女现象的主要渠道），但“受教育年限或文化水平”影响了双方对“打拐”或“防拐”观点的形成，也决定了沟通和认识上的差异。

研究日益变迁的中国，与变迁中的世界并无差别，追求现代性的民族主义政治家挥舞着发展的旗帜迎面而来，试图迅速改变传统社会多少带有“前现代”气质的文化，可是，这种发展观念，难免用消费主义的大商场、一元现代主义的压路机，将农村或乡土社会变成发展的对立面，忽视了乡土中国本身在现代化面前的能动性以及变迁过程中的文化连续性。这种状况让我们用田野调查，用民族志文本揭示当地人眼中的意义世界，也让我们更坚定地站在“被发展者”的一边，理解他们行为的意义，帮助他们成为现代性的主体。

4. 如何成为研究网络社区的“老司机”*

当代社会，人们在网络上生活的时间已经不亚于现实生活。这是网络时代给我们带来的新体验。如何研究这些从二次元并接到三次元的人类行为呢？“老司机”遇到新问题。“人类学家似乎更滞后于或更不愿意关注线上的社会群体。但是，由于信息和通信技术遍布当今社会生活的各个领域，其达到如此的程度，使我们已经无法回头了。越来越多的社会科学家得到这样的结论：如果不将互联网和计算机中介的沟通形式吸收到研究中，他们再也不能充分地了解社会和文化生活中许多最重要的方面。”

---

* 本文为罗伯特·V. 库兹奈特所著《如何研究网络人群和社区：网络民族志方法实践指导》一书评论，原文发表于《南方都市报·阅读周刊》（2016 年 12 月 4 日刊）。

这一全新认识让曾经最擅长研究文化与群体，并对此逐渐心生厌倦的人类学家、社会学家重新燃起斗志。可怎样研究网络社区中的行为，是摆在研究者面前的现实问题。尤其是，当原本那些在烈日下种地、捕鱼的现实生产者，变成了宅在空调房里、网上挖掘“比特币”的矿工，靠打游戏赚钱的职业电竞选手和代练者。

这时，你需要一本研究手册:《如何研究网络人群和社区：网络民族志方法实践指导》。作者罗伯特 · V. 库兹奈特教授，是约克大学舒立克商学院市场营销系主任，他更为人熟知的身份是一位受过人类学训练的社会化媒体研究者。出于工作需要，他通过对 eBay 等电子购物网络对人们消费行为的长期研究，积累了大量有关虚拟社区的观察经验。

当他把这些经验运用到 YouTube 或 Facebook 等全新的社交网络时，原本模糊的网络社区就完全呈现出来，通过线上、线下的连接，明确了这种全新沟通方式和现实的联系。“根据我们的定义，对于全世界少至 1 亿，多至 10 亿人来说，参与在线社区是社会体验中常规和持续的部分。这些人就在我们身边。爱荷华某农民是大豆种植者合作社的一员，在会议期间积极地在社团论坛上发言。土耳其的社会学学生经常使用她的社交网站，并在她喜爱的音乐家粉丝网上发帖。患有癌症的年轻人经常去在线群体寻求建议和帮助。令人尊敬的行业主管披上虚拟的外衣，在虚拟世界的后巷里过着秘密的第二人生。”基于这样的认知方式，一种针对网络社会的全新研究方法就如期诞生了。

深知入门级研究者对网络社区的茫然与困惑，库兹奈特尝试了零起点的介绍方式。从选择研究主题和网络社区开始，他首先为研究者提供了一些基本的参考依据。其次，针对网络社区的资料采集，他给出了建议。不同于那些现实田野调查中的访谈、口述资料，以及由各种材质媒介记录的碑刻铭文，网络社区的信息通过“新闻组、讨论版、博客、列表、维基百科、游戏空间、社交网络和虚拟世界”的形式保存在庞大的数据库中，如何通过有效的搜索引擎和方法获取这些资料，就构成了进一步分析的基础。

借助这样的方法，库兹奈特对现有的民族志研究提出了满怀雄心的挑战。“想想有这么一份关于专业群体如医生或律师工作生活的民族志，我们真的可以做出一份有意义的叙述，其中完全不涉及也不分析线上论坛、电子邮件、即时信息和公司网站的内容吗？我们是否可以提供一份民族志，试图理解‘吞世代’和青少年的社会世界，但不提及也不研究手机使用和对话、短信息、电子邮件和社交网站吗？当我们面对特定的主题，如当代音乐、电视、名人或电影的粉丝社区，游戏玩家社区，业余艺术家或作家，或者软件开发者，如果不涉及线上数据和计算机中介的沟通这类细节，我们的文化素描将会极其苍白，因为正是这些线上内容使得这些社会集体成为可能。”

事实证明，网络社区与社会科学研究者传统上研究的现实社区并没有本质上的区别。虽然人们之间的联系渠道出现了更加多元的形式，但从诉求上看依然可以追溯到最基本的人际互动。当我们把人们在网络社区上的行为还原到人类最本质的欲求时，我们发现，研究传统、前现代社区的民族志方法再次发挥了作用——描述。我们用讨论区、留言簿替换“教堂、晒谷场前人们交换信息的小广场”，用发帖、刷好评替换“狩猎、交换”，用晒图、点赞替代“分享、互惠”，而研究者要做到的，只是以整体的方式，将这些场合和行为联系记录下来。

在作者看来，“传统的民族志和网络民族志之间最重要的差别可能是研究伦理”。因为论坛或社交网站上内容的公共性还较为模糊。

但他也提到十年前,“数字化和网络技术研究是社会科学研究中发展最快的领域之一”，在今天，这个说法比当时更贴切。因为，网络民族志的发展，能帮助我们理解大豆种植者网络合作社、土耳其社会学学生，以及披上虚拟外衣的行业主管的世界。

借助该书，或许能让我们在朋友圈点赞、抛扔精灵球之余，用另一双眼睛，观察到那些网络行为、新词背后互动方式的文化本质。正如译者所言,“我们将是网络的一部分，经由新的社会化形式进行交往：从隔壁的人延伸到遥远的全球的他人，从最消极的潜水者到最繁忙的商业产销者，从最愚蠢可笑的视频瞬间到我们分享的最吓人的经文。我们文化中每个受到祝福的元素都会在我们的线上连接中来回穿越”。

5. 爱民族，爱艺术*

“跳菜”的故事

2010年九月，我在大理做田野调查，充足的经费让我生出了饱暖之外的欲求，荡舟洱海，远眺苍山。花费不菲船资，登上“洱海一号”游船，美丽的白族姑娘告诉我，一会儿开船后，舱内演艺厅将有精彩表演。我便迫不及待地把斯特劳

* 本文为何明主编《走向市场的民族艺术》一书评论，原文发表于《南方都市报·阅读周刊》（2011年8月21日刊）。

斯先生对人类学家“我讨厌旅行，我恨探险家”的训诫抛在了脑后。

霓裳歌舞，围绕白族婚俗展开，当表演到白族“掐新娘”节目时，主持人说道：“今天是我们白族结婚的大好日子，彝族兄弟姐妹也前来祝贺，以他们‘跳菜’独特的方式给我们带来甜蜜的礼物，让我们以热烈的掌声欢迎他们的到来！”两名吹芦笙的演员就率先跳进了白族婚礼现场。新郎背起娇艳欲滴的新娘，边上的姐妹们你掐一下我掐一下，表达美好祝愿，我喝着甜酸苦味的“三道茶”，优哉游哉，心驰神往，直到游船靠上了洱海上的“小南海”。

却不想表演的背后还藏了一个故事，故事背后藏了一段往事，揭开往事的封帖，才能说出那句传说中的“真相只有一个”。向我道出这段故事背后的“真相”的，恰是何明教授主编的《走向市场的民族艺术》（以下简称《民族艺术》）一书。

民族艺术研究，有时亦称艺术人类学：澜沧江岩画、太平洋岛民的文身、编制美丽图案的毛利人手编包、峒民“阳雀花”图案织锦、匈奴祭天石人、复活节岛巨石阵，都属于散发着自然气息的民族艺术。曾几何时，我们将“民族”的标签贴给了中产阶级认可之外的艺术领域，于是，有一些艺术，就成为“主流”之外的“非主流”，等待着被发掘的“原生态”之美。当我们离开城市，前往山水之间，感受“自然”体验之时，是否想过那些呈现在我们面前的表演，是如何产生的呢？

从“艺术”到“商品”

故事的开始，要追溯到1982年，文化部、国家民委、中国舞蹈家协会要联合搞“全国民族民间舞蹈集成”，从云南省，到大理州，需要“发掘”地方民族舞蹈，普查中，“大家对南涧打歌的舞蹈性质没有任何质疑，却提出了‘跳菜’是否属于舞蹈的问题”。经过讨论，南涧彝族蒙化支系名为“吾多哈”的“捧盘舞”才被文献第一次记录了下来。

> 捧盘舞又叫“抬菜”或“跳菜”，是在民间办宴席上菜时为敬重宾客而跳动的一种礼节性舞蹈。……边跳舞、边上菜。更有能者一次可抬二十四碗，即头上顶一托盘，左右手各托一盘，每盘八碗。

可是，这时距离“跳菜”为人所知，还有近十年时间。1986年，南涧县的“打歌”在全国获奖，点燃了当地开发民间文化的热情。1991年，“大理以法律形式将具有悠久历史的‘三月街’民俗活动确定为‘三月街民族节’”，为了筹划当年的“三月街”活动，创作新节目的任务落到了一位杨编导的身上，杨编导既没看过，也不知道“跳菜”是怎么回事。在一位老教师的指点下，开始下乡去找“捧盘舞”。

无量山上有无量乡，无量乡里有“跳菜”，可这只是日常生活中的一种仪式：村寨里民间的、原始的、最生活状态的跳菜，歌舞乐是分离的，跳菜的只负责跳，吹唢呐的只负责吹。这一切似乎还与表演相去甚远，为了舞台上的视觉效果与民族形象，编导想到了四要素：抬盘、羊披、光头、大耳环。

抬盘里抬什么，需要讲究，山里人要放上“红东包”——大块的红烧肉；山里人虽不常穿羊披，但为了“一种原始的民族形象”，就披着上了舞台；光头造型舞台效果好，虽然是“人死的时候孝子才理的”，可还得“为了艺术而创造”；戴上大耳环，则是为了“少数民族个性更突出”。这“四要素”被整合进“跳菜”舞，后面的故事就明了了。

“跳菜”成功了。从州里到省里一直到国家，拿奖拿到手酸。名声在外，自然有人邀请，今天东家明天西家，各种演出任务，各种商业表演，从正规的表演队，到乡村的草台班，表演本身从“民族艺术”变成了一项可供消费的商品。

走向市场

从“艺术”到“商品”，故事还没有结束。细心的读者会发现，南涧“跳菜”分明属于彝族支系，却偏偏出现在了洱海白族的表演中。《民族艺术》的作者告诉我们，“当初安排节目时，游船的经营者认为：以往的节目大家都看疲劳了，三道茶喝一下，霸王鞭跳一跳，五朵金花，掐掐新娘，没有什么特别的……再加上一些能够表现少数民族风俗中比较粗犷的东西。……但白族的节日就像白族的生活方式一样比较浪漫，比较飘逸，……但是彝族的跳菜服装一出来就给人一种厚重的感觉，很暗沉内蕴着一股力量……彝族汉子的粗犷，关键还有它的调门，有种隆重浓厚的色彩，整个舞台就会被它点缀得特别浓重”。

这番心思与构想，最后被一句“今天是我们白族结婚的大好日子，彝族兄弟姐妹也前来祝贺”串联在了一起。看到这里，我终于明白，这两个文本是如何糅合在一起的。既有趣也充满戏剧性。作为人类学者，我赞美这种智慧。

人们需要民族的和艺术的，一如我们贫乏的艺术，需要贴上“原生态”的标签，便从此踏上星光大道。艺术本身是民族的，更是世界的。曾经有人与我一道走访湘西的乡村，参观土家干阑木楼，同行者溢美之余，向村民大声倡议：千万不要改变你们的房子，效仿外界钢筋水泥的样式，千万要守住你们的传统云云。对于这种说法，我不太认同。作为“原始”、“民族”或“原生态”的消费者，我们的确需要一个“民族艺术”的生产者，但我们没有权力束缚“生产者”。既然我们可以用高科技产品出售“现代”，有人也可以出售“原始”，但这理应符合市场机制——iPhone 与“跳菜”同样是商品。

人们通过“他者”来建构自我，在这个意义上，无论是前往欧美还是非洲的旅行，给了我们同样的自我建构的机会。全球化为人们创造了更多深入异文化的机会，同时，也通过市场给“异文化”中的人们提供了契机。这一点上，我们无须臧否，也无须为地方文化的“不纯粹”而过多担忧，地方文化、非物质文化遗产，远比我们想象的强韧，而这本身就是文化变迁的必经之路。

对于我们而言，在为民族艺术提供一个舞台的同时，不要为其添上额外的负重。无论是书中提到的元阳哈尼族梯田、新平傣族村落、德夯苗寨，源自威宁石门坎的小水井唱诗班，还是那些没有提到的非物质文化遗产，都是这样一些丰富的舞台，是艺术选择了这些人们，而理性的人们也选择了市场。

我“热爱旅行，热爱民族艺术”，不是因为我的“浪漫原始主义”想象，而是我真心希望对艺术的钟情能为人们带来更多生活的美好——无论是精神上的，还是物质上的。

6. 民族植物学的妙用 *

前不久，桥东里兄编写了一本小书《花花果果枝枝蔓蔓》，其实是把他多年发表在报刊上关于岭南常见植物的小块文章合为一辑。虽然都有发表，但我倒是头一次见到，许多关于植物的知识读来有趣，比如知道了中国第一本植物记录是西晋人嵇含编撰的《南方草木状》（公元 304 年）。看着这本小书，让我有点走神，想到了一个有趣的学科。

这个奇妙的学科，叫作民族植物学，它可以算是认知人类学的一个分支。该学科讨论的主题是，假设有一群人生活在一种生态环

* 本文为桥东里所著《花花果果枝枝蔓蔓》一书评论，原文发表于《南方都市报·阅读周刊》（2014 年 11 月 9 日刊）。

境中，他们勤劳又聪明，充分认识了自己身边的所有植物，为之命名，了解植物的经济、医疗或娱乐功能，并将这些植物的用途与自己的生活密切联系在一起。那么，通过这群人所利用的独特生态体系中的植物，我们就能进入该人群生活的内在。

这只是民族植物学的一般用法，但在我的开发下，民族植物学就有了新的用途。我们假设某种植物的自然分布是受海拔和纬度的严格限制的，比如榕树生长在中国南方，北界不过浙南，这是一种典型的亚热带乔木。现存最早提到“榕树”的记录就是晋代的《南方草木状》，编撰者嵇含当时的职务是广州刺史（但他是不是“遥领”就不知道了），在介绍榕树的特征后，他还来了一句“南人以为常，不谓之瑞木”——看来身为北方人的他从榕树枝枝蔓蔓的根系中看出了不以为常的“祥瑞”。换句话说，对于以嵇含为代表的北人而言，很可能初次看到了这种南方草木。

存在这样的逻辑框架：首先，草木有根，且严格遵循自然条件分布；其次，包括榕树在内的自然物，肯定早于嵇含之前千万年就已在栖息地生存。那么，我们可以把榕树首次被记录在案的时间，转化为北人进入榕树领地的日期。假定榕树的分布是与赤道（纬度）基本平行的，那么我们可以得到当时嵇含（或他派出的探险者）至少要抵达北纬多少度才能见到榕树。我们现在已知 304 年，“北人”至少进入榕树分布的最北端。那么如果我们能在相邻时间里（比如，比 304 年早或晚几年）采集到关于其他植物的见闻记录，结合该植物在当时的分布情况，我们就能获得“北人”进入南方的基本时间轴，若是非常幸运，某种被记录植物的栖息地非常罕见地分布于人类必经的谷地，说不定连北人南下的路线都能模拟出来。

当然，这个想法的实现存在很大难度，因为之后数百年都没人再像嵇含一样满怀热情了。虽然上述这些其实是我自己脑补出来的，但桥东里兄在 1700 年后努力写作岭南的花花草草，集成这本小书，倒是很有民族植物学的味道。

民族植物学的第二个用法，按照一个人群只会用一种称呼来指代一种事物的原则，比如用“马骝”来称“猴”，表明“马骝”一词是两粤人群的本地语言，而“猴”则是外来语。每样植物不管能吃不能吃，都有自己的名字，有些有俗名和学名之分，比如杨桃，有“五敛子”之称，荸荠有“马蹄”之谓。其一为本地人群的称法，另一个就很可能是外来语了。

语言的变迁随着人类活动发生变化，本地语言在词汇和句法上随着主流文化的侵入发生巨变，但是许多原先的痕迹就通过那些“俗名”延续下来——比如，动、植 物的名称——仿佛考古研究中发现的古人遗存。如果我们能把对一种植物保持同一俗称的区域具体圈画出来，或许就能得到一张不一样的人口地图，说实话，另一门学科民族语言学就是这么做的。

植物名称历久不变的特征，还适用外来植物，芒果、菠萝和番瓜、番薯都不是本地人的叫法，它们是何时何地出现在古代人的生活中的，大概就反映了当时海外贸易的一些情况。我们现在基本清楚这些新物种都是明代中后期出现的，看来西班牙人大帆船贸易的影响，不仅仅带来了银币，外来粮食、经济作物的影响也远远超过了银圆流入，至今不绝。

民族植物学还有第三个用途，《花花果果枝枝蔓蔓》里我最喜欢的一篇是关于“构树”的短文，“树叶喂猪，树皮造纸”，说的是构树的多种功能，作为一个纸张研究者，我知道构树皮是传统宣纸的主要原料。这种树木最喜人的特点就是从树叶到树皮都有用处，活着的时候树叶养猪，砍倒之后，取皮造纸，树干还可以用作造纸时蒸煮树皮的燃料，可谓鞠躬尽瘁，死而后已。

构树的用途揭示了古人的智慧：从不浪费。就像蓝草的用途一样，蓝草经过沤熟发酵，就成了传统印染业重要的染料资源——蓝靛——人们为了不浪费蓝草的根系，便将其变作一种万能灵药，板蓝根。只可惜构树的命运稍稍差了一些，它养猪造纸的经济效益略差于另一种提供类似功能的木本植物。随着岭南地区丝织业的发展，除了桑树叶对养蚕业有着不可替代的作用，人们还发现桑树皮同样可以用于造纸，而且制造的皮纸质量并不亚于构树皮纸。于是，构树便渐渐淡出了岭南的历史舞台。不但构树难寻，连构皮纸制作工艺也就变成了一项“非遗”。

自从“春来蚕儿食桑叶，树老伐桑皮造纸”的桑树，替代了“树叶喂猪，树皮造纸”的构树，我们身处的地景和经济生活也不可避免地重塑。我们可以把这称作“不浪费的人类学”。谁能说，植物只是我们生活的点缀，谁能说“花花果果枝枝蔓蔓”被我们改变、利用的同时，没有一并改造了我们的生活？

7. 透过“小历史”，审视今日事*

梁启超与新史学

梁任公在著名长文《新史学》中批评了中国以往的历史著作“吾国史家，以为天下者君主一人之天下”，并提出“善为史者，以人物为历史之材料，不闻以历史为人物之画像；以人物为时代之代表，不闻以时代为人物之附属”。他认识到，历史人物只是时代大

* 本文为刘永华主编《中国社会文化史读本》一书评论，原文发表于《南方都市报·阅读周刊》（2011年6月12日刊）。

背景的缩影，无论是研究个体还是整体的历史，都要还原到时代文本中加以考察。而这种考察的目的，是为更好地把握时代变迁的脉络，而非一事一地、一言一行、一餐一饭的考据。

梁启超在这段话里至少区分了两种历史的写作方式："历时"（历史的）与"共时"（结构的）。第一种方式是最常见的，把人物或事件按照时间顺序梳理清晰，这是一种非常传统而普遍的叙述方式。第二种方式，则是整个时代以平面的方式展开，通过对社会不同组成部分（社会结构）的描述，从最大可能还原时代的总体风貌；正是这些包括了知识、信仰、艺术、法律、道德、风俗的复杂体系，决定了社会在历史上某一时期整体政治—经济结构；任何历史人物或事件的行动结果，都来自个体主观能动性和当时（共时）社会—文化结构的共同作用。简单来说，历史人物或事件，只是时间在社会表征中，留下的痕迹，而我们"以人物为时代之代表"所要反映的还是整个社会的变迁。于是，我们有了以费尔南·布罗代尔半个多世纪前写成的《菲利浦二世时代的地中海和地中海世界》为代表的"社会史"研究。

从"历时"到"共时"

刘永华先生新近编成《中国社会文化史读本》（以下简称《读本》）一书，21位中国大陆、港台地区及日美学者的20篇文章编入书中五个部分：国家认同、信仰·世界观·地域社会、仪式·政治·社会、历史记忆、感知·交流·空间·习俗。这些的确不是传统历史研究中会主动讨论的问题，因为这些内容并不直接体现在历史文献中，而是内嵌于大多数散置的材料中。

比如，《读本》篇首“造像记所见民众的国家观念与国家认同”一文，就试图从“造像记”当中理解北魏时期民众对国家的认识。从材料而论，“佛像雕讫、购入后，出资者多刻长短不等文字于像座、像背或龛侧，述兴造缘由、时间、誓愿，并镌出资者姓名，是为造像记”，这样的材料既零散，又缺乏叙事价值，即便是有关造像的艺术史或佛教史研究，都很少能对此加以利用。而且对国家的认识，从来不会清晰明白地以具体形式，写在任何材料之上。然而，文章的确讨论了当时民众对所谓“国家”这个观念的感受，这里我们看到了一个在传统史学研究中，几乎没有作为研究对象提出的主题“国家”。而在此处，作者通过“造像记”中对皇帝、国家、三宝、本人、祖先、家眷、朋友与众生祈福的记录，得出结论：在当时人们心中，存在并占据主导地位的是“以皇帝为首的等级观念”，而不是所谓的“豪族共同体”。

在这样一篇文章中，且不论内容或结论是否为读者所接受，但这毕竟做出了两个有益的尝试。第一，在材料的选取上，更多关注以往文字史之外的内容；第二，在视角上，以共时性取代历时性，力图以平面结构的方式，展现一个时代某一个（或几个）方面的细节，而不以一人一事为主。因此，我们从题目——“宗族与地方社会的国家认同：明清华南地区宗族发展的意识形态基础”“地域文化与国家认同：晚清以来‘广东文化’观的形成”——大体上就可以了解，接下去的那几篇文章所要关注的主题和研究方法：某些观念是如何在时代背景下产生并发扬光大的。

从“神仙”到“社会”

这样一种研究的维度——将历史上社会的某一方面作为研究对象——为我们提供了一些非常独特的视野：著名的“五通神”（亦正亦邪的捣蛋鬼）是如何随着经济事业的发展，被改造成财富之神的；同样，明清两代江南的城隍，又如何随着经济的蓬勃发展，如雨后春笋般出现在当地新兴的集镇。与此同时，另一个事关“神明”的主题也涌现出来：沿海地区著名的“天后”妈祖，是如何从一个闽台地方性神灵，转变成一位享受国家级祭祀的神祇？国家扩张背景下，与其驱逐“淫祀”（混乱的祭祀），不如授予这些“泥塑木雕”的精灵以权威的头衔，将信仰纳入国家有序的管理。

那么我们从这种关于信仰的研究中，得到的信息便不止于信仰方面。地方神灵的擢升，首先表明国家中心或边界的移动，使得原本位于阃外或边缘位置的地方信仰，发生了地位上的变化；其次神灵地位的上升，同样反映了国家对神灵身上负载的某些实际功能的重视。以天后为例，天后“林默娘”在功能上不及同样来自闽台的“陈靖姑”，后者与前者一样有着保靖水域的功能，但更侧重河道，同时还有保生安胎的技能；然而这些优势，反而削弱了陈靖姑在保护航海中的作用。随着10世纪以后，中国经济重心向南中国转移，海洋经济的兴起，林默娘“神性”之下的具体功能得以充分展现，在海洋运输和远洋贸易、明代郑和著名的远航以及清初施琅对台湾的海战中，天后具有的独特神性都发挥到极致，并获得极大尊崇。当然，这在该文作者的笔下，则表述为“神明的标准化”，而实际上，反映出来的还是时代的结构性变迁。

通过这些文章，我们获得了一些全新的视角，那些原先只简单依附于宗教史或地方史，并不占据主导地位的研究对象，反而为我们今天的研究打开了别样洞天。

剥开层垒的历史

历史中不起眼的细节，为我们折射出时代的变迁：福建灶神与地方社会中“里社”的变迁；“姑嫂坟”与女性地位的变化；洪洞大槐树与国族想象，成都的茶馆与20世纪的中国社会……这些主题都是以往所不见的，有些或者只能沦为民间文学研究的题目，然而这些或多或少都反映了历史事实。

拿“洪洞大槐树”的传说来说，这个“历史悠久”的传说蕴含了“解手、背手、脚趾甲（复型）、人兽婚、燕王扫北、红虫、箭程划地界”等丰富主题，成为汉人移民故事北方类型中最著名的一个。每每人们提到这个传说，都会说起为何把“如厕”称为“解手”，还要饶有兴趣地观察自己的小脚指甲是否分瓣，人们追溯自己的起源，无不自豪地宣称“山西洪洞大槐树底下”。然而，该文的作者通过一系列故事母题和变型的追溯，提出这一故事出现的轨迹，其实是晚到清末民初才开始出现的，原因是“逐步丧失可以同化一切异族优越感的中国有了亡国灭种的威胁……对于那些地方精英来说，他们便开始利用自己手中的文化权力，对传统的资源加以改造，他们希望把大槐树从一个老家的或中原汉族的象征，改造成一个国族的象征”。而这个表面“悠久”的故事其实是相对晚近的创造，其背后反映的不是故事表达的久远年代，而是一种对清末时期现实状况的精神捍卫。

不仅故事与传说可以作为真实历史状况的隐喻表达，习俗背后同样也可以发现更深厚的文化脉络。耶鲁大学人类学家萧凤霞对华南地区女性“不落夫家”习俗的分析，便是从当下反思历史的代表。人们在相对晚近的时代开始关注珠三角地区的“自梳女”或“不落家”现象，来自士大夫或知识阶层的观点往往从伦理体系或经济发展的角度加以解释，这种观点甚至影响了民国以来的学者。然后经过萧凤霞的层层剥离，我们发现习俗背后是今天珠三角主流“汉”文化的肌理内部的地方文化特征，“抗婚问题的提出引起人们去问究竟谁曾经是珠江三角洲的本地居民？”

答案就在那里，但并非显而易见，不过我们可以从习俗中发现，深藏在“层垒结构”中的历史的“堆积层”，就是这样层层相积的文化过程，塑造了今天的中国社会。同时，这也帮助我们在当下的共时结构中，感受到历时性进程的积淀，而这或许可说是透过“小历史”审视、反思我们今天生活的一条捷径。

8. 从历史深处走出的“二人转”*

红遍半边天

不久前落幕的“第三届欢乐喜剧人”大赛上，来自东北的团队荣获冠军，新拉开的“笑声传奇”大赛上的新老笑星，同样可以追溯他们与东北曲艺的万般联系。放眼全国，近两年，全国卫视如火如荼的喜剧类节目上，来自东北的选手不仅频频露脸，而且屡获

---

* 本文为杨朴、杨旸所著《二人转与萨满研究》一书评论，原文发表于《澎湃新闻·上海书评》（2017 年 6 月 11 日刊）。

桂冠。有趣的是，这些选手有一个共同点，他们都出身“二人转”演员。

再往前追溯，二十多年来央视春晚舞台上走出的小品演员们，早已占据了中国相声、小品表演的半边天。现在只要是看过春晚的人，就没有不熟悉二人转表演艺术的。全国各地的观众，都是通过电视机屏幕，逐渐认识了这一繁荣于东北地区的表演艺术门类。

二人转表演者，往往来自基层演艺单位，基层舞台表演者有限，使得二人转演员，必须训练出“一专多能”的基本功，既能在小小舞台有限空间展示各门技艺，又要有拿得出手、镇得住场的过硬“绝活”。不但展现出博而杂的一面，唱说扮舞都要会一些，各种地方戏、流行歌曲都能来上几段，而且时不时像戏曲武生一样，翻个鹞子，前滚后仰，一言不合就劈叉。

不过，二人转给人留下最深刻印象的，却是表演者热衷尝试的“反串”表演，尤其是男扮女装。不论是赵本山早期热衷扮演的老太太，还是小沈阳红遍一时的苏格兰大裤衩，都毫无例外地以女装形象，博得观众捧腹。这些二人转出身的表演者并不似越剧演员，在扮演女性时追求一种形似神更胜的柔美感，反而以扮丑作为主要的表演目的。故意扮作观众一眼就能看穿的男性化的女性形象，达到让观众在看到扭捏作态的男性表演者时，哄堂大笑的喜剧效果。

二人转原本只是流行东北地区的地方表演形式，却最终在这个喜剧流行的时代，迅速转型为小品表演。不论是唱说扮舞，还是反串表演，同样存在于其他地方戏剧。和其他的表演形式相比，为何二人转演员能抓住这一契机，走上全国各大喜剧舞台，是一个令人思考的事情。

吉林师范大学杨朴、杨旸两位学者长期研究二人转的起源与发展，他们今年合作完成的《二人转与萨满研究》（以下简称《二人转》），在二人转研究的道路上，似乎迈出了更大的步伐，或许能帮我们解开这个有趣的谜团。

二人转的前世今生

过去的研究者将二人转的起源，追溯到发源于东北本土文化的“大秧歌”和内地传入东北的“莲花落”，这两种表演形式的结合。而《二人转》的作者则走得更远，将二人转追溯到一个更久远的源头。

东北文化中的“大秧歌”是过去二人转研究的终点之一，而在这里，两位作者将其深入发掘，变成了一个继续深究的新起点。我们熟悉的“扭秧歌”，即来自东北“大秧歌”这个形式。然而绝大多数人不知道的是，“大秧歌”一词，其实既和“插秧”没有任何关系，同时也不是一种“歌曲”，这是满语“祷仰科”的音译。

据康熙十九年的汉译满文资料《随军纪行》记载，时值新年之际，“八旗章京、兵丁皆大吃大喝，护军、护甲俱置身街上，男扮女装，唱着‘祷仰科’歌戏乐”。这里的“祷仰科”就是后来的“大秧歌”。据查“祷仰科”的雏形，称作“莽式”。《宁古塔纪略》记载：“满洲人家歌舞，名曰莽式。有男莽式、女莽式。两人相对而舞，旁人拍手而歌。每行于新岁或喜庆之时，上于庙中用男莽式。”莽式和祷仰科一样，是满洲人士在新年时行歌作乐的方式，根据《二人转》作者所言，这里的莽式就是大秧歌更早的形式。

然而，莽式，还可往前继续追溯。莽式同样也是满语，也就是“舞蹈”的意思。在这之前，还流行过“东海莽式”和“巴拉莽式”两种类型。东海莽式，是一个半汉半满的词语，意思是东海（女真）的舞蹈。而巴拉莽式则完全是个满文词，“巴拉”意为“不受管束的人”，引申为“野人”，那么巴拉莽式，就可以解释为“野人舞”。

在这里，作者将二人转还原到了“野人舞”，并对其进行了最终的溯源，认为“野人舞”是一种具有生殖崇拜性质的信仰的载体。这种对生殖的崇拜，就和满族历史上的萨满信仰产生了联系，“据我们的实地调查资料，往昔萨满不仅在祈子孕生育仪式中充当主角，而且在成丁（性成熟）、婚姻——传授交媾等性爱知识方面，是带有神圣职责的传授人”。

当然，作者并不满足于此。《二人转》最大的特点，是还引用了相当多的岩画图像，用以说明二人转的远古之源。如果说“野人舞”是二人转可以找到的最早的文字记载，那么，从红山文化时期就已经存在于辽西地区的大量岩画，则可将其追溯至更久远的时代。岩画中刻画的“连臂而舞的人是对女神和圣婚仪式崇拜的形象刻画，……他们是萨满降神会的参加者，当然是女神的崇拜者，也是圣婚仪式的崇拜者。他们围绕那对男女二神而迷狂舞蹈，表现了神灵也凭附到了他们身上”。这一借助岩画图像的图像志叙述，将二人转，追溯到了最远古时期的“二神转”。

现在，我们可以归纳一下，二人转还原到萨满文化的路径。二人转的近源是东北大秧歌，秧歌则是满族传统舞蹈“巴拉莽式”的近代变体，而巴拉莽式“野人舞”则是萨满仪式中，生命起源、生殖崇拜的一个重要组成部分。它所具有的更远古起源，就是史前岩画中描绘的萨满降神时的“二神转”。所以，这就可以将二人转原原本本地与萨满文化结合在一起，完成这一谱系的建构。

一言不合就劈叉

书到此处,《二人转》一书已经通过文献将二人转的来龙去脉梳理得非常清楚了。然而，我们同样发现，这一叙述的成功之处也隐含了一个缺陷，即从舞蹈角度的还原，忽略了二人转另一方面的重要特征——它的表演形式。因为，无论是大秧歌还是“野人舞”更多的都是一种通过音乐和舞步展现的行为，而二人转实则由“丑”和“旦”这两位演员的语言和形体表演来展现演出的内涵。所以说，如果能从这一方面，还原二人转与萨满文化的联系，就能使该书的标题变得真正名副其实。

我们需要重新审视一下萨满文化这一人类最古老的精神观念。萨满文化相信，人类社会中的种种现象，比如生、老、病、死，都受到自然世界的掌控。为了保持这些人类现象的正常运行，萨满就经常需要通过舞蹈“出神”的方式，想象自己的灵魂脱离身体，前往天界，与自然界中的神灵交流、谈判，并将沟通的结果传达给信众。

自然界中的神灵五花八门，要让观者能分辨出某个具体的神祇，需要萨满将他们每个的形象特征“表演”出来。根据《满族舞蹈寻觅》一书所言,“萨满们所请的众多神灵，附体后不靠唱词，不靠说白，而是靠萨满拿起的神器（道具）和他的典型动作、造型，典型节奏、典型构图，辨认出是哪位神。如虎神和豹神、鹰神和雕神的形象非常接近，都是靠舞姿、造型、动作区分的”。

萨满为了呈现悠游自然之中,“登天”的艰难，会用刀梯象征“天梯”，用烧热的铧犁象征“火海”，代表自己凭法力上天入地。

当他来到天庭世界后，则需要用特殊的动作体现附体到他身上的神灵，这又少不了翻跟斗、劈叉这些极限动作来配合具体神灵的舞步，所有这些就转化成二人转中的“绝活”。

当然，并不是所有的神灵不发声。在“降临”的神祇中，除了自然神外，还有大量部落的祖先之灵，以及历史上有名的武将、名人。只要萨满有能力，他们都可以通过“附体”的方式，由萨满“扮演”出来。既然这些神灵从遥远的天际被“召唤”而来，人们也就能近距离与神灵展开交流，在人类的朴素信仰中，神灵会借助萨满之口发表自己的看法。所以，在萨满仪式的过程中，通常由萨满本人担任被附体的“媒介”回答人们的询问，由萨满助手代表部落民众，担任提问者的角色。

这一问一答的对应关系，既是萨满仪式的基本模式，也通过东北大秧歌，被二人转所继承。《二人转》提到，“二人转的丑旦角色正是东北大秧歌上、下装的转换。由于东北大秧歌上、下装是经由民间舞蹈对远古萨满角色的转换，因而，由东北大秧歌转换出来的丑旦角色也就成了萨满角色的转换”。同时，也正是这种问答模式的存在，使二人转并没有完全转变成类似京剧、越剧之类的戏曲形式，而是保留了萨满仪式结构。

由于萨满通常为男性，而附体的神灵则不拘性别，男女参半（还可以有动物），而在男性“反串”女性的过程中，势必因为要加入“典型动作、造型，典型节奏、典型构图”，产生一种似像非像的效果，这在二人转中就称作“半进半不进”。配合一丑一旦的搭配，两者之间的相互问答为了表现附体神灵与被附体者之间的兼容状态，便产生了时而答非所问、时而天马行空、时而一惊一乍的荒诞感与喜剧效果。

可以说，二人转中的男女反串和萨满文化一样，本意就不在于让观者觉得相像，而是故意告诉观众：这一女性角色就是一个男性拙劣、笨拙的模仿。从这种特殊的仪式模式，便自然而然地滋生出二人转表演独特的滑稽特征，也为其走上今日的电视舞台铺设了路径。

作为表演艺术起源的萨满文化

从二人转回归萨满文化，是《二人转》一书做出的最大贡献。然而，萨满文化又是如何影响了它的当代支流，《二人转》未做出说明则是该书的一点不足。萨满文化这一人类共有的遗产，可以说是当代大部分表演形式的源头鼻祖。综观世界上所有的戏剧，从古希腊悲喜剧，到现代荧幕艺术，只要是讲述前人、古人的故事，由当下的演员“扮演”某个古代文臣、武将，从逻辑上讲，都可以追溯到萨满仪式——将这位古人之灵，召唤、降临到这位演员的身上。这种内在联系已经受到当代民俗学的注意。

萨满文化对当代曲艺的影响仍然可以继续发掘。比如，萨满不但可以自我附体，还可以将其他想象的神灵召唤到表演参与者身上，如何让观众将表演者的现实身份与他们扮演的神灵角色区分开来，历史上的表演者就创造了踩高跷这一特殊的表演形式。高跷表演也存在于二人转中，这一形式的用意，实际上代表了表演者“漂浮”在空中、脚不沾地的神灵身份。如此这些“功夫”，都和前滚后翻、一言不合就劈叉等萨满文化中必不可少的特技一道，融入当代二人转的表演中。

当然，二人转艺术在当代发展的过程中，也选择性地扬弃了萨满文化中的许多元素。它早已走出了为古人招魂、附体的古老形式，但沿袭了大秧歌的上下装、丑旦搭配的男女模式，以男扮女装、动作表演等重要元素，推陈出新，将其中逗乐、戏谑的成分发扬光大。完成了从古老民间宗教仪式，向现代喜剧的成功转变。这种变革传统，与时俱进的敏锐嗅觉，不但是二人转走进当下的关键，也给其他传统曲艺形式的改良、变迁之路，提供了非常重要的启示。

9. 当我们告别漫漫长夏*

2013 年 7 月的上海，以 25 个超过 35℃的高温日打破了有气象记录的 140 年来 7 月高温日的纪录，被打破的记录来自 1934 年。持续的高温并非上海独有，这甚至席卷了整个中国南部，相信若干年后，2013 年的高温依旧会成为人们记忆的一部分。与之相应，一场有关人类活动与气候变化的讨论，也在每年差不多同一时候升温。

半个世纪以前，随着工业文明对环境的影响越发显著，环境史、气候史等交叉学科也逐渐兴起。各种证据显示，人类对自然环境的重大影响在工业革命之后才体现得最为突出，比如大规模单一

* 本文为布莱恩·费根所著《小冰河时代：气候如何改变历史（1300–1850）》一书评论，原文发表于《南方都市报·阅读周刊》（2013 年 10 月 27 日刊）。

经济作物的种植、化石燃料的排放，以及有毒废物的排放。人们对短期内环境危害所造成的影响有了一定的认识，但关于环境变化的长期效应尚缺乏令人信服的数据，因此，人类史上环境变化对文明的作用就成为研究者可以借用的“镜子”。

加州大学圣塔芭芭拉分校人类学与考古学教授布莱恩·费根就在8月中旬访问了酷热中的上海，这似乎为他前几年出版的《漫长的夏天：气候如何改变人类文明》写下了一个颇有预言性质的现实注脚。虽然费根先生来沪是为出席“世界考古论坛”，但他本人却是一位环境史的积极倡导者。在过去二十多年中，他不但积极向公众传播考古学、人类学知识，而且以《历史上的大暖化》、《洪水、饥馑与帝王》等作品成为气候史领域最高产的作者之一。在他最近的中译作品《小冰河时代：气候如何改变历史（1300-1850）》中，他一改往日对由厄尔尼诺现象引发的“漫长之夏”的偏爱，而将视角转向了与之相反的“无尽冬日”，相比炎炎夏日给人们带来的滚滚热浪，阵阵刺骨寒气对人类文明似乎造成了更深刻而彻底的影响。

夏日魅影

也许是为了给当下的人们敲响警钟，过去的研究者往往偏爱那些给人类带来深痛体验的严寒，仿佛异常出现的严寒本身就是一切的元凶。不过人类学家的智慧给了费根先生更为整体性的思维方式：

这些严寒挟来的痛楚并非突然而至，它们往往尾随着一个个温暖的夏日。欧洲人迎来了将近五个世纪的“中世纪暖期”，“趁着中世纪温暖期”，维京人“航海到达了格陵兰岛和北美洲”。在这数百年的时间里欧洲人“大多数年月里收成富足，人们获得了充足的食物。夏季平均温度比 20 世纪高 0.7 到 1 摄氏度。欧洲中部的夏季则更加温暖，平均气温比当代高 1.4 摄氏度……葡萄园的规模随之逐渐扩大，扩展到了英格兰南部和中部，最北部到达了赫里福德和威尔士边界。当时商业葡萄园突破了 20 世纪的种植边界，向北推进了 300 至 500 公里”。“12 世纪时冰岛人在北部海岸培育出了大麦”。

气候变暖的影响显然并非单独令农作物向北推进。与其共同北进的还有人类，费根发现，“中世纪期间城乡人口不断增长。在未开垦过的土地上新村庄如雨后春笋般涌现”。因为“夏季的温暖和冬季的温和有利于小村落在边角地块或比以往更高海拔的区域种植农作物”。温暖的气候，使得农民们在北方和更高的山坡获得了更多的耕地，这直接导致了人口的增长，“在英格兰和苏格兰，成千上万的农户在高原地带定居，这样就使得他们更可能遭受作物歉收的风险”，作者写道。

在书中，费根并没有把气候视作一个单一的因素，他笔下的气候更多只是一个结构性要素，该要素引起了人类社会的回应（向原先不适宜农业生产的地区扩张）；在对长时段气候变化缺乏足够认识的情况下，中世纪的欧洲人选择了扩大生产规模。当生产结构随之改变后，人类的生产秩序相对环境变化的张力，就显得敏感而脆弱，“当人们在 13 世纪的夏日艳阳下劳作时，完全没有意识到在边陲地区气温已然骤降”。

气候不可能无休止地“升温”，正如地球总会修正其运行轨迹一样。“1310 年开始，人类气候进入了长达近五个半世纪的小冰期。

这段时期气候变得愈加不可预测，更寒冷，时常出现暴风雨和极端气候。”作者用无数来自诗歌、绘画关于气温和降雨方面的科学记录，甚至还有关于民间祈雨的记载，证明了之后相当漫长一个时期的气候异常。低温、低气压、无法预料的暴风雨更频繁地出现在人类活动的视野中。而这一切最终通过农业收成的起伏，投射到人类生活本身。

“1315–1321 年大饥馑前一个世纪……北极地区的水手已开始体验到天气日益寒冷带来的影响”，“1215 年，欧洲东部冬季格外寒冷，导致了大面积饥荒。数千名饥饿的波兰农民绝望地涌向波罗的海沿岸，徒劳地期望能在那里捕到鱼”。同时，维京人也很快放弃了他们在格陵兰岛的殖民地。饥饿造成的大量人口死亡，最先出现在向北拓展的农业殖民地，接着向南推进。于是，自然很快收复了她之前暂时放弃的领地。

到这里，作者已经充分展开他的叙述：当自然“打盹”之时，人类迅速涌向并开发了那些原先的自然过渡地带；当自然“醒来”时，人类社会脆弱的一面就以灾难性饥荒的形式，暴露在自然面前。因此，气候就这样改变了人类的历史。借助这样一种逻辑关系，传统的气候史研究者或许会很满足于这样的论断：“17 世纪 30 年代，明王朝时期的中国举国大旱，政府横征暴敛，激起四方民变，满族势力趁机从北方加大攻击力度。至 17 世纪 40 年代，中国南部肥沃的长江流域先后遭受严重旱灾、洪灾、时疫、饥荒。数百万人或活活饿死，或死于 1644 年满族击败明王朝的最后一次战役。17 世纪 40 年代初，饥饿和营养不良引发的致命传染病使得日本国内大批民众丧命。同样恶劣的天气也波及朝鲜半岛南部肥沃的稻田，传染病夺去了成千上万人的生命。”

冬日再来

然而，有着丰富人类学智慧的作者清醒地指出：“今天，人们不再固执地认为气候变化这种单一因素导致了人类生活的重大变化，诸如农业文明的出现，也不会认为小冰期的气候变化引发了法国大革命、工业革命或是19世纪40年代爱尔兰的土豆大饥荒。”而是以“更宽广的社会压力回应视角去看待短期的气候变化。气候变化导致歉收，就像战争和疾病一样，只是一种压力的成因”。正是这种压力才对人类社会造成了潜移默化的影响，可以说，气候导致的压力，与其他压力一样，共同塑造了人类的历史进程。

从更全面的人类史的视角来看，若没有自然条件的限制，人类群体将始终经历增长，增长中的人群将不得不面临有限的资源这一事实。比如该书提到的“黑死病”，在人口密度最高地区传播最快，当人口密度低于一定程度后，自然停止传播。而人口增长的作用同样体现在农业开发的模式中，当气候变暖时，更多可耕地显然对常患不足的人们具有致命的诱惑，然而周期性的气候摇摆常对这些“边缘地带”人口带来致命灾难。但作者同时指出，人类可以文化适应的方式，发展出对自然环境的适应，比如用“农业的精耕细作和多样化种植有效地避免了谷物歉收”。但这些法则并不能迅速为人们所认识，过度依赖抗旱、抗冻的新型品种——土豆——导致了著名的爱尔兰“土豆危机”。

实际上，作者通过气候变化与人类社会互动的案例展示了一个更深层次的问题：生物对自然环境的变化存在两种适应方式，第一种是绝大多数生物采用的“生物性适应”——比如，以羽毛、厚毛皮应对寒冷的气候变化，第二种是人类最擅长的“文化适应”——比如，用周期性迁移避开寒流、用动物皮革制作体表遮蔽物来保暖。千百年来，人类正是以不断的文化适应回应着自然的随心所欲。可以说，正是自然的善变多姿，才让人类发展出了游牧、农耕、林地采集等文化类型。

从某个层面来讲，并非“小冰河时代”冻住了明朝边将拉开弓弦的手指，而是同时冻坏了明朝和女真人的作物，使前者无力“分担”后者空空如也的肠胃。因为在上一个温暖的夏季，明朝和女真人一道把稻田的边际延伸到了更遥远的北方。严寒冬季之后，源自北方林地的女真人重新祭起了他们古老林地渔猎经济劫掠性的一面，进入了明朝的边界。

又一个炎热漫长的夏季终于过去，“温室效应”是我们今天每个人几乎都可以脱口而出的环境影响，不过，除了海平面上涨与更多的雨水，上升的气温也让更多的冻土消融，变成了更高海拔、更高纬度的可耕用地，与海水淹没的耕地基本持平，甚至还促进了新物种的诞生。事实上，“温室效应”本身并没有直接的危害，要说二氧化碳浓度，恐龙时代的白垩纪是今天的 4 倍多，年均气温更要高出 4℃。但显而易见的是，正如该书标题那样，“当自然‘醒来’时，人类社会的脆弱一面就以环境灾难的形式，暴露在自然面前”，沉浸于“漫长的夏天”中的人类是否能及时做出充分的“文化适应”，这才是我们需要反躬自问的。

10. 灾害面前，人类该如何应对*

什么是灾害社会学

有一个有趣的现象，如果某年上映的灾难题材电影扎堆，那么说明这年全球自然环境灾害可能相对较少。而反过来，如果银幕上少有灾难片上映，则可能说明这年里，自然已经给现实生活带来足够多的糟心事儿。那么年底的时候，总结一下 2018 年的电影荧幕，

* 本文为大矢根淳等合著《灾害与社会》一书评论，原文发表于《澎湃新闻 · 上海书评》（2018 年 2 月 7 日刊）。

或许就能对过去一年的全球状况有所了解。这是笔者的一个观察，不一定对。

曾几何时，我们对全球安全的认识受到了冲击。从新闻报道中，我们日益感到，自然或人为的灾害离我们并不遥远。冬季会出现雪灾，夏季的台风和暴雨则是另一个极端。紧邻山区的聚落，难免受到雪崩或塌方、泥石流一类自然灾害的影响。更不用说，飓风、地震、海啸等更大的自然威胁。如果伴随厄尔尼诺或拉尼娜等剧烈的气象变化，人类社会受到的损失可能还要成倍增长。

既然灾害出现，那么我们总要鼓起勇气面对。如果我们要在这个世界上选择一个国家，来和我们谈谈灾害，不论是影响还是感受，以及可能的应对方式，那么这个国家一定是日本。

日本可能是世界上受到灾害打击最频繁的国家，包括地震、台风、海啸，甚至核辐射，都持续地影响着这个国家。这些无法更改的天然条件，也使得日本成为对"灾害"最有发言权的国家之一，促使"灾害社会学"在当代日本诞生。

来自应庆大学、早稻田大学的几位灾害研究者，结合日本多年来面对各种灾害的经验（也可以说是教训），共同写了一本名为《灾害与社会》的著作。该书从海啸、地震、火山喷发等自然灾害的角度出发，深入谈灾害对当代社会的影响，并把研究这一问题的学科，称作"灾害社会学"。更重要的是，他们进一步指出，灾害社会学的核心内容在于重新认识灾害的本质，从这种认识出发，他们对灾害前期、发生期，以及长期角度的社区复兴这几个重要方面，提出了新的见解。

书中还特别提到，灾害发生后，志愿者、性别分工等方面，对当代中国社会的"防灾救灾"而言，具有非常现实的参考意义，对当代的中国读者，尤其是灾害研究者来说，也有着不可或缺的重要启发。

我们的地球是否正变得越来越不安全?

我们应该如何来看待灾害，是决定我们如何面对它们的关键第一步。今天的地球上，有越来越多的自然灾害被新闻媒体报道，这似乎告诉我们，灾害同我们每个人都息息相关，有时灾害就在我们身边。那么，这是否表明，我们的地球正变得越来越不安全?

之所以会有这样一种直观印象，存在多方面因素。在回答这个问题之前，我们先要了解“灾害社会学”的第一个基本认识，灾害为什么会发生。

其实，我们可以把灾害的发生归纳为一句话，世界上本没有灾害，人多了以后，就有了灾害。这句话如何来理解？我们公认的世界上的灾害，比如地震、火山喷发、海啸、山火，甚至说远一点——陨石撞击地球，本质上讲，其实都只是一种自然现象。里氏八点几级的地震，如果发生在青藏高原的无人区，那就只是一种自然现象。冬季的北极地区，可能每天都出现十二级的暴风雪，但并没有造成任何人员伤亡，那同样也只是自然现象，连新闻报道也不会专门提到。因为这些自然现象并没有对人类的生活造成任何影响。

然而，当上述自然现象出现在我们人类活动的区域时，灾害就出现了。即使震级不高的地震，或者森林火灾，如果正好位于人类定居点附近，造成人员和经济损失，就会和人口密度呈现严格的正相关趋势。人口密度越高，灾害等级也就越高。

我们知道，人类社会的人口数量，自从工业革命以来，就以惊人的速度持续增长。全球的都市圈范围，和几个世纪前相比，也扩张数倍。我们可以这样假设，如果地球表面每年上述极端自然现象发生的数值是固定的，位置是随机的，而人类定居的范围越小、人口数量越小，则自然现象与人类遭遇的概率就越小，自然灾害触发的概率就越低。相反，人口越多，灾害发生的数量和频率，就会成比例增长。

所以，灾害与社会，就成为一个相生相伴的问题。灾害的存在和程度，是通过对人类生活的影响来界定的。换句话说，恰恰是人类自身，决定了极端自然现象，是否被定义为“灾害”。

这样，我们就能回答最初的那个问题“我们的地球是否正变得越来越不安全”。第一，随着世界总人口数量的增长，全人类遭遇（由极端自然现象引发的）灾害的数量，也不可避免地呈现上升趋势。第二，这些灾害及其影响，随着现代更发达的媒体和社交网络，也更可能为我们所了解，加深我们对自然灾害的感性了解。

认识到这一状况，并非让我们对人类的命运产生焦虑。因为，具体到每一个体来说，我们遇到自然灾害的风险，并不因此而上升，“地球并没有变得越来越不安全”。数据显示，地球表面每年发生极端自然现象的概率，没有显著增长。恰好相反，随着现代科技的发展，我们对灾害逐渐保持理性的认识，可以从灾害的预防、应对，以及重建几个方面，审视这一自然现象。

把灾害的损失降到最低

我们明白了灾害事件，其实是一种极端自然现象与人类活动相互作用的结果。那么，我们就能对灾害的应对和处理，产生全新的思路。

从《灾害与社会》中，我们看到这一思路的基本论述。面对“灾害”，我们的科技还没发达到可以阻止地震、海啸等极端自然现象的发生。但是，如果我们能减少极端自然现象中人员的伤亡，事实上也就最大限度地降低了灾害的程度。比如说，在一次较高震级地震中，没有任何人员伤亡，那么此次地震，便能从“灾害”还原为“自然现象”。

那么接下来的问题就是，如何避免人员的伤亡。日本灾害社会学家认为，人们在极端自然现象之前、之中和之后的反应和决策，就决定了灾害的程度。比如说，在海啸发生前，提前得到预警，人员撤出沿海低地，那么海啸带来的损失就会降到最低，从而减少了灾害对人类社会造成的影响。

然而，知易行难。事实证明，我们对灾害的认识，存在许多偏差。首先，我们以为灾害发生，比如地震的时候，人们都想象自己能像电影主人公那样，飞身避险，从建筑物里奔出去。即便不是这样，也会如惊慌的路人那样，慌不择路地逃开，求得最大生机。

然而，事实正好相反。“实证研究表明，在世界范围内，人们在‘大难临头’时，马上做出避难反应的比率一般都比较低。”调查更是显示，“地震发生时在家里的人，只有百分之六跑到屋外去”。人们之所以“反应”迟钝的因素有很多。有些是因为大多数人一生中很难拥有应对灾害的充分经验，另外，极端自然现象发生时，相关信息在社区中传播的速度受到很大阻碍。而日本，之所以能把灾害的损失控制在有限的程度，究其原因，便在于做好了这两个方面的工作。

其次，认识的偏差，来自灾害本身。我们一般认为，人们在灾害中遇难或受伤，大部分发生在灾害发生的瞬间。但研究显示，其实灾害本身对人员的伤亡有限，大部分后来记入遇难者名单的人员，都是灾害发生后受困，未及时受到救助的人群。换句话说，如果得到及时可靠的救援，他们其实都可以脱离最终的遇难者名单。

另外，来自日本灾害社会学的研究发现，虽然极端自然现象发生时，瞬间影响对全社会的每个个体都是无差别的，但青壮年男女在社会所有年龄组当中，都是受影响最小的。“不论是哪种灾害，老年人和身心障碍者确实都更容易受到伤害。”因为在各国社会中都存在类似的现象，“越是上年纪的人，住在常年住惯了的老旧住宅的可能性越高，而这就注定了很多老年人居住环境的抗灾性能特别低”。

在灾害发生时，覆压在废墟或倒塌物之下的老年人和身心障碍者，受困的概率是最大的。而他们在等待救援时，可以维持的时间也越短。如果在灾害发生前完善他们的生活状况，同时在救援阶段优先救助此类人群，就能有效减少灾害带来的人员伤亡。

最后，也是最容易忽略的一种认识偏差。在我们对灾害关注的一般视野中，灾害发生及之后的一段时间（比如，一个月或更长）是公众对灾害关注最热切的时刻。捐助、救助行动，占据了媒体和人们日常话语的大部分空间。然而，对灾害救助更重要的阶段，其实发生在之后数年，乃至十多年的漫长时间内。因为，在这一期间，等待受灾人群的将是漫长的重建过程。这一逐渐淡出媒体和人们视野的阶段，才是灾害过程中，最需要帮助的时期。

灾害发生之后，受灾人群将经历相当长一段时间，住宿、饮食及卫生方面的适应困境。在这一阶段中，人们会失去原有社会资源，在重建生活空间的过程中，最易受挫的，仍然是老年人、伤病员和身心障碍者。而在这些人群当中，女性尤其是许多照顾多个子女大家庭的女性，通常会显得较为脆弱和易受伤。

而这些长期的救助活动，对降低灾害的影响其实最为关键。从日本的个案来看，公共事业和生活的重建，离不开行政机构的主动履责，也离不开非政府组织的共同参与。因为，漫长的灾后重建，不仅是帮助受灾者重建物质生活的关键步骤，也是为受灾者提供工作机会，重建社区纽带的重要步骤。而这是单纯提供救灾物资所无法替代的，对受灾者更有意义的援助。

灾害的另一面

最后，我们或许可以用书中一个令人欣慰的例子，来呈现灾害社会学的积极一面。在菲律宾皮纳图博火山爆发之后，受灾最严重的是生活在闭塞山区的尼格利陀黑人社区。他们的家园被火山吞没，人口数量也因此大幅减少。

然而，在之后的避难和生活重建过程中，这些原先很少与外界接触的人群，“有很多机会与平原地区的居民、政府机构工作人员，以及 NGO 成员接触和交流，其结果强化了他们的族群意识”。当他们从山区外迁，在平原地区重建时，和外界居民有了更密切的联系，“在自己的生活重建和居民共同体复兴的过程中，逐渐形成新的‘空间’和‘时间’的概念，超越灾害的悲痛和苦难，重新建构自己的社会，完成族群再生”。

由此可见，灾害与人类社会，并不是完全对立的。灾害，因人类社会而生。如果我们在极端自然现象面前变得束手无策，那么，灾害便会因之出现。反之，如果我们做出了充分的准备，灾害也会重新还原为一般的，甚至对人类社会发展有所推动的自然现象。究竟放任其变为威胁我们社会的灾害，还是将它控制在自然现象的范畴，全凭我们自身的选择。

不管怎样，在本文最后还要说两个好的消息。第一，刚刚过去的 2017 年，虽然全球范围出现多次反常的极端天气，但 2017 年是全球民航史上最安全的一年，世界上客机事故发生率为零的一年。第二，地球环境科学领域的研究人员发现，自从 1989 年蒙特利尔协定书签订，全球各国氟化物减排二十多年以来，南极上空的臭氧空洞首次出现面积减小的情况。

看来，在有所准备并积极应对的人类社会面前，自然最终也会露出亲善的一面。

第三编　人类学与当代中国

有人认为，人类学家更关心远方和他者，而事实上，人类学家更关心自己的文化。因为我们希望将异文化作为一面镜子，从而发现本文化中的不足之处。尤其在这个社会高速发展的时代，其他国家已经走过的道路，积累的经验和教训，可以帮助我们避免“摸石头过河”时遇到的困难。

从1930年代开始，人类学家就没有缺席过当代中国的每一个关键时刻。从工厂工人的状况，到都市生活的变化；从水库移民，到山地民族外出务工，这些都不再是局限于一村一地的全新现象。这需要当代的人类学家用更多样也更开阔的视角审视地方文化在时代变革过程中，发生的变迁路径。

那么，如何将人类学在异文化研究中积累的经验，变成我们参与当下、改变当下的重要凭借，将是对所有关注现实的人类学家的重要挑战。

1. 个体化在中国：迟到三百年[*]

发现个体化

“风险社会”的提出者，德国社会学家乌尔里希·贝克夫妇在《中国社会的个体化》一书的中文版序言中提到：“欧洲的个体化路径是原生的、真实的、可靠的。”“……与欧洲相比，中国的个体化路径是以一种独特的逆序方式展开的。在中国，新自由主义对经

[*] 本文为阎云翔所著《中国社会的个体化》一书评论，原文发表于《南方都市报·阅读周刊》（2012年3月25日刊）。

济、劳动力市场、日常文化和消费的解除管制，先于且不涉及个体化与宪法的牵连，这是和欧洲不同的。”

这些敏锐的观点促使挪威奥斯陆大学的贺美德、鲁纳两位中国学教授一道，在《“自我”中国：现代中国社会中个体的崛起》一书中，试图深度跟踪中国社会中的个体，怀着美好的目的，看看这些新兴的个体，能否推动中国社会朝向更自主的方向发展。

“个体主义”在中国，似乎成为学术界一个热门话题，与前几年一样热烈的“公民社会”概念相比，少了一些精英色彩，更强调个人主义，强调个体的理性在社会变迁过程中的重要意义。

虽然，个体主义与社会自由的进程没有必然的关联，但是，个体化确实能作为一个社会发展的重要标志，有助我们描述社会的现状，于是海外华人学者阎云翔便在《中国的个体化路径》等文章中，“根据个体化论题来理解个体和个体化在中国的兴起”，并以此来回应贝克夫妇提出的问题：中国中产阶级的经济与社会地位的提高为何以及在何等条件下能够弥补政治个体化和自由化需求？

为了解答这些问题，从20世纪90年代开始，阎云翔便以他曾经“插队”过的黑龙江下岬村作为田野调查的核心，不断关注中国个体化过程，从日常生活的方方面面透视社会进程与人们生活之间的互动。于是，借助这么多年的研究，他便写出了我们看到的《中国社会的个体化》（以下简称《个体化》）一书。

一个乡村的萌动

在农村经济改革的过程中，由于财富收入不再像传统社会那样，由年长者向年幼者纵向流动——年轻人与年长者获得同等的经济机遇，甚至因为教育、工作等原因前者超过后者——使年轻一代在获得经济地位的同时，也有了挑战传统社会结构的愿望（与能力）。[1]

在传统中国社会中，权力与财富像所有父系等级社会一样，由较年长的男性成员掌握，随着他们在社会舞台上渐渐退隐，权力与财富被传递给社群中的后继成员。而今，由于中国众所周知的经济转型，财富与权力的传递关系逐渐分离，财富不再按部就班地从上一辈传给下一辈，年轻人可能通过自身努力或机会，积累了超过祖辈、父辈的财富。然而，若没有与经济地位相应的社会地位，问题就出现了。

阎云翔便试图通过下岬村的变迁，揭示“日常生活中权力关系的变化”。“许多有能力的个人已找到了合适自己的致富之路”，获得足够的财富积累之后，人们对传统的权力角色“不再一味地畏惧与敬重，村民开始用挑剔的眼光观察村干部的工作，很少有人还信任他们的领导”。村民以一种消极疏离的形式（“别管我”）表达自己对传统社会关系的抗拒。这让阎云翔认为，“‘别管我’的表述传达着强烈的信息，即个人权利意识和个人权利的目的。……这一表述本身便象征村民独立意识到发展和政治自信心的崛起”。

1　本文以上部分为公开发表版本所无。

村落中的父系等级权威受到了挑战，家庭中的权力结构也随之受到不小冲击，尤其是当已婚孩子已经获得足够的经济能力，不再依靠大家庭分配财产的时候。因此，“仅仅是消费的渴望与购买力的增强，已经让青年人产生了要和保守父母分开住的强烈动机……当无法再用父母权力掌控他们的孩子时，父母一代也宁愿让孩子们离开老屋”。工业化与城市化将人们从土地上释放了出来，“在下岬村，就像许多其他地区一样，大部分土地是由老年村民耕作的，因为很多年轻人已经离开家乡进城打工”。年轻人丰富了生活阅历的同时，也开始追求自己的生活方式。孩子们的婚姻来得更早，对自我独立权利的诉求也来得更早。

如果说男性可以用分家的形式来挑战他们的父系家庭，那么女性则以“获得更多彩礼、将财产控制在她们手中、通过提前分家建立他们自己的独立家户等”来实现她们在新家庭中的自主权。阎云翔引用了一位村民的俏皮话：“新社会里，儿媳妇一进门，父权被打倒。”这便是为什么“年轻女性能动性和个体性的发展对父权家庭是一个摧毁性打击”的原因了。这种家庭自主性的发展，最后应该会在更高一级的社会层面上形成推动力。然而，作者同时也坦诚指出，“用某些个体的能动性和行为来代表个体—群体—国家关系的总体结构安排也是不对的，因为虽然个体行动可以改变某些人的生活机会或社会地位，但是它们改变不了整个结构”。

那么问题又回到我们身边，个体化趋向对于今天的中国社会有何具体意义？这是可以依托的未来吗？

面向未来的个体化

阎云翔为我们展现了黑龙江一个村庄居民在三十多年时间里发生的变化，力图捕捉到在新经济条件下，人们对旧传统、旧结构的解脱；在获得更多经济自主性的同时，亦能获得经济之外的自主，能向着更加自由的方向发展。在书中，作者为弥补农村案例带来的不足，增补了数年前关于麦当劳餐厅与城市消费主义兴起的章节，以此来补充说明消费空间在象征层面上带给人们的多元选择。“中国的个体化路径”一节，也再次综述了中国社会在个人权利与自治道路上走过的历程。

而所有这些用意是用中国个案回应德国社会学家乌尔里希·贝克提出的模型。贝克认为，欧洲的个体化——“为自己而活，为自己而死”——有其基于经济与政治的社会基础，社会的发展赋予了个人更多的自由；而在中国，与个人在经济领域获得的成就相比，其他方面，尤其是个人权利自主性方面，却没有同步的提高，“中国正形成一种独特的新自由主义形态，其特征在于：经济自由主义欣欣向荣，市场个体化茁壮成长，但政治自由主义和政治个体主义并未呈现出这种态势”。阎云翔说，“从逻辑上讲，缺乏政治自由主义的情况下是不可能实践新自由主义的，因为后者来源于前者，并以个人的自治和自然权利作为其理论推理的核心”，而中国个案表明，“一个社会却可能在缺乏政治自由主义和古典个人主义的情况下经历个体化，这是因为社会关系的重构可以由其他社会机制来执行”。

现在可以清晰地看到“贝克命题”与中国个案相异的焦点：贝

克认为个体化是“过去三百年来随着现代化的逐步实现而发生的。在此过程中，人们已普遍接受一个基本的自由主义观念……天生享有一整套个人权利”，而包括阎云翔在内的许多学者认为，在当前变迁中的中国社会可以有其他机制（如经济地位与政治地位的不对等格局）来实现个体化。

在贝克看来，个体化是一个自然、水到渠成的过程，而对于在自由等待中有些焦虑的中国社会来说，三百年显然过于漫长。于是，非常期待一些特殊的个案，能代表个体化进程在这个社会的发展趋势——某些个人或事件代表了个人权利的诉求，发出了个体的声音——来证实这一过程正在不远处招手。

然而，这是一个悖论：正因为“个体化”的过程，在中国社会恰恰缺乏三百年的积累；同时，人们又渴望等待得太久，原本应该顺理成章作为结果出现的现象或个人，反而作为原因的佐证被人们“发掘”，而这类证据又被渴望的期求在不经意间放大，甚至成为承载希望的象征符号。正是这种倒置的因果关系，构成了中国个体化研究的现实基础。

阎云翔在最后也坦然承认，“中国的个体化是由国家掌控的，同时也缺乏文化民主、福利国家、古典个人主义和政治自由主义这些西欧个体化的前提”，但是，市场经济的全球化和消费主义的意识形态，又恰如其时地提供了高度流动的劳动力市场，灵活的职业选择，上升到风险、亲密和自我表达的文化，以及强调个人责任和自我依赖的世界。

那么，摆在研究者乃至当代中国社会实践者面前的参与路径，究竟是怎样？是继续期待由经济成就带来的对社会结构的冲击，以“现象或个人”为嚆矢，还是尽快弥合这三百年文化、知识、社会观念的鸿沟，推动全社会的整体意识提升，将成为“中国社会个体化”发展的关键策略。与其寄希望于某些个体或现象，不如将希望的种子撒向整个社会，待其在村落或都市的土壤、现实或网络的根基上萌发，而今天的努力亦将在未来留下深远的影响。

2. 中国大工地*

中国大工地

英国左派史学家 E.P. 汤普森在《英国工人阶级的形成》一书中，详细描述了英国工人阶级在 1780~1832 年的五十多年间从“青春到早期成熟”的历程。E.P. 汤普森所处的 20 世纪 60 年代英国即将迎来全球化，距离工业革命时代已经过去整整一个半世纪，他重

* 本文为潘毅等著《大工地——建筑业农民工的生存图景》一书评论，原文发表于《南方都市报·阅读周刊》(2012 年 5 月 6 日刊)。

新发掘出“工人阶级”的题目，究竟是因为身为劳动人民后代的知识分子“寻根热”使然，对曾用汗水浇灌了工业革命之花的普通劳动者追忆缅怀又充满崇敬，同时又有一种神秘的好奇感，还是因为汤普森先生对全球化即将带来的新一轮劳动分工浪潮，怀有一种学者的天生敏锐呢？

我们没有赶上工业革命，也没赶上1960年代的全球化之初，但“赶早不如赶巧”，我们在全球化如火如荼发展的今天，创造了自己的经济奇迹。改革开放三十年，中国经济保持了接近10%的高速增长，成为仅次于美国的世界第二大经济体，在经济总量上赶上了所有西欧国家。然而，在赶上发展速度之时，也赶上了不可避免的发展之殇：“资本和政府都积累了大量的财富，但同时也让中国从一个相对平均主义的国家迅速变为贫富分化严重的国家”。

霓虹闪烁的都市，高耸的大楼，在大雾天里一半以上隐入云端的魔幻都市，与证券交易所一路飘红上扬的曲线一道，成为经济发展的现实指标。可这每天都在长高的城市，似乎少了些什么。

我们不用像E.P.汤普森一样穿越将近两百年，也不用后悔未能像马克思那样在19世纪的国际工人运动中身先士卒，因为我们就生活在这样一个“大工地”上。香港理工大学的潘毅教授团队在其新作《大工地——建筑业农民工的生存图景》一书中，把我们领入平日里悬挂“施工重地，闲人免进”牌子，打桩声、机器声轰隆隆，泥浆黑灰、粉尘飞飞扬扬（其实这些很多都是过去工地留给我们的刻板印象）的工地现场，走近我们头脑中油污满面无暇敛容（我们因此对他们或敬而远之，或嫌避之不及）的工人，亲眼观察体验一下“建筑业农民工的生存图景”。

他们必须经历的社会与时代

“我想把那些穷苦的织袜工、卢德派的剪绒工、‘落伍的’手织工、‘乌托邦式’的手艺人，乃至受骗上当而跟着乔安娜·索斯科特跑的人都从后世的不屑一顾中解救出来”，汤普森说道：“他们的手艺与传统也许已经消失，他们对新出现的工业社会持敌对态度。这看起来很落后，他们的集体主义理想也许只是空想，他们的造反密谋也许是有勇无谋；然而，是他们生活在那社会剧烈动荡的时代，而不是我们；他们的愿望符合他们自身的经历。”

中国的工人们也生活在他们的社会与时代当中，“包产到户”之后，“单家独户的小农生产造成农业产业化水平低，农民只能向城市提供附加值低的初级农产品”，造成“农业的收入已经远远不能满足农村家庭的消费需求”。在这个日益市场化社会中，现金越来越取代传统交换形式（以物易物、换工帮助），成为消费的主要媒介；农村生活的人们在生产上并没有下降，但在物质需求上却越来越为“现代化”背上沉重的债务，因为这些新的需求（新的住房、现代化设施、家用电器等）无一不依赖现金，而无法再用传统方式获得。

一方面，来自农村的人们需要更多能提供现金的渠道，另一方面，亟须经济发展的大城市，也为这些需求提供了实现的可能。城市在长高，城市在扩张，没有一样离得了体力劳动者，同时，这些源源不绝的大工地都提供现金来交换有偿劳动，而这些有时无法保证的现金便成为农民工与投资者无法调和的矛盾之源。

除了无法保证的现金，建筑者与他们建造的成果也有了深刻的疏离。“即使具有开放性的城市公共空间，当一个建筑工人进入时，也往往在周围人眼里造成明显不相配的感觉，并进而导致建筑工人自身‘不自在’的感觉。于是，在宏伟气派的中央商务区、在富丽堂皇的大酒店、在人潮汹涌的购物街，甚至在市区的公交车上，总之在一切属于城市的公共空间里，我们都很难发现他们的身影。”

城市扩张或长高的速度过快，有时甚至等不及来自农村的人们走入城市，新修的柏油公路便将硕大的广告牌送到了他们的地头，把城市塞到了他们的身边。当他们还不习惯城市的时候，便已不得不面对“周围人眼里明显不相配的感觉”，可这依然是他们自身需要经历的“社会与时代”。既然他们无法选择逃避时代的进程，那么努力尝试适应这种变迁带来的挑战，或许成为最佳方案，尽管这些适应的过程在同时代的善良人们眼中多了几分心酸、多了一些残酷。

他们不是永恒的失败者

两百年后的英国工人研究者，或许会把19世纪之初的英国工人“看成劳动力，看成移民，看成一系列统计数字的原始资料”，而另一些则将他们视为“福利国家的先驱、社会共和国的前辈，以及（最近流行的）理性工业关系的早期实例”，但汤普森理性地告诉我们，研究者们“很容易忽视工人群众的主观能动性，忽视他们在创造历史的过程中自觉作出的贡献”。

城市的迅猛发展送来了现代化的方向和模板，但我们很难说清参与城市建设的工人们究竟愿不愿意加入这场无法逃避的历程——他们是“被现代化”了吗？答案还不确定，可能时间是最好的实证研究者。

不过在检验这些之前，工人对现金回报的需求，和资金分配过程中的不规范发生了根本的矛盾。“2005 年初，包工头老李带着几十号工人到北京的一处别墅工地上追讨工钱。2004 年他带着五六十号工人分包了七栋别墅的主体工程的劳务工作，工钱一共 10 万块钱。按照当初的协议，老李作为包工头要先垫付工人的生活费，等工程完工之后再结清工程款。但是直到工程验收结束，工钱一直都没有发放。”毫无疑问，这又是一个听过无数遍的讨薪故事，像所有的同类故事一样，这是劳动者与雇佣者之间的一场斗争，但这却不是一个关于“黑心”包工头的刻板印象。

“包工头本人也经常被建筑公司拖欠工程款。建筑工人能不能顺利拿到工资，关键并不在于包工头会不会克扣工资，而在于他是否有能力垫付工资。”敏锐的作者没有陷入“欠薪 / 讨薪”的困境，而是把问题延伸到分包劳动体制下的资本积累。在分包劳动体制下，“资本通过下放责任、卷入资本、消减抗争势力等方式对分包劳动制加以利用，既实现了灵活积累，也将劳动关系遮蔽在人际关系之中”。换言之，包工头本身成为资本转移风险的替罪羊，怪不得，在工人们拿出记工本和陈年的白条诉说时，“许多包工头也纷纷透露了自己多年被欠工程款的心酸经历”。

“大工地”上的人们还有很多辛酸，糟糕的住房条件，苛刻的罚款条件、不靠谱的劳动保险、用工安全和劳动培训的不足、工人们在城市高楼背景下的“消失”，当然，还有我们耳熟能详的“留守儿童”问题，等等。虽然，我们可以把这些问题归咎于笼统的资本主义，归咎于不完善的体制，抨击分包劳动体制对工人的剥削，但是我们或许应该问问工人们，他们又从大工地上获得了哪些体验、哪些积累，因为，是他们与我们一同在建设这个有待建设的社会。

半个世纪前的汤普森或许是对的，“今天这个世界，大部分地区仍存在工业化带来的种种问题，存在着为建立民主而带来的各种问题，这些问题，和我们在工业革命中的经历何其相似——那些在英国失败了的事业，说不定会在亚洲或非洲取得胜利”。

“我们不应该仅仅把工人看作是永恒的失败者，他们的五十年历程以无比的坚韧性哺育了自由之树。我们可以因这些年英雄的文化而感激他们。”他们留给我们的，除了那些高耸的写字楼、富丽堂皇的购物广场，还有一面文化的镜子，映照出我们在制度与价值上并不完善的一面，也照亮了我们前行的方向。

延伸阅读

是异化，还是阵痛？[1]

1932年，茅盾写成了著名的“农村三部曲”中的第一篇，《春蚕》。这篇短篇小说讲述了环太湖流域南部的浙江嘉兴由于蚕丝业萧条所引起的农村破产，传统手工业者在席卷中国的资本主义面前陷入种种变迁之苦。

1 本文为前文《中国大工地》后附扩展延伸部分，同见《南方都市报·阅读周刊》(2012年5月6日刊)。

1935 年，夏衍的报告文学《包身工》“真实地描述了包身工的苦难生活”。农村传统经济与生活方式遭到破坏的农民，被新兴的城市轻工业所吸引，等待他 / 她们的不是丰裕的城市生活，而是纱厂中几乎失去自由的日日辛苦劳作。

1938 年，人类学家费孝通以《中国农民的生活》（就是后来驰名中外的《江村经济》）通过了伦敦大学的博士论文答辩，该书翌年出版。这位来自环太湖流域东部江苏吴江的学者在书中专辟第十二章“蚕丝业”，他虽然深刻体会到“蚕丝业的衰落深深地影响了农村人民的生活”，但他也同样看到了“政府和其他机构已经作了各种尝试来控制这个变化，以减轻或消灭其灾难性的后果”。其实，早在 1920 年代，费先生的姐姐费达生等一批知识妇女就看到了传统蚕丝业的萎缩，开始兴办蚕业学校，开设“蚕业指导所”，建立“生丝精制运销合作社”，力图帮助传统工业走出困境。正是这种身体力行的努力，让人类学家看到了变迁的力量，社会变革在短时期内的阵痛，不会磨灭人们对未来的希望。

一个世纪过去了，百年恍如一个轮回，今日的中国又走在了经济变革的路上，资本的涌入比 20 世纪来得更加汹涌，激起的惊涛骇浪也更加猛烈。在“少数人先富起来”之后，剩下的大部分并没有迅速跟上，反而在前进的路程中，渐渐与领头者拉开了越来越大的距离。人们没有如期成为“共富者”，却成为“工厂流水线”上他人富饶的提供者。那么这究竟是文学家茅盾或夏衍眼中一个“异化”的世界，还是社会人类学家费孝通眼中变迁的阵痛？近年来多位关心当下，关心民生，富有良知的海内外作者，都把目光聚焦到了（中国）劳工身上。

我们无法绕开的自然是以《中国女工》《失语者的呼声》《大工地》《富士康辉煌背后的连环跳》声名鹊起的潘毅教授。在工地上、工棚中，潘毅通过与女工共同生活时的参与观察，了解了农民工糟糕的住房条件、苛刻的罚款条例、不靠谱的劳动保险、用工安全和劳动培训的不足，工人们在城市高楼背景下的“消失”，以及项目投资方对男 / 女工人在薪酬、生活条件等方面的区别对待，这些都体现了学者的良知。

在《富士康辉煌背后的连环跳》一书中，她直视了这个全球化时代世界最大电子代工厂的繁荣之殇。泰勒制的发明是为了提高生产效率，但没有想到一个代工企业能将这种“人的碎片化”发挥到极致，“用工、宿舍、生产”周而复始，流水线从生产车间延伸到了工人的日常生活。如果说福特制的发明体现了新教企业家人性的一面，那么他的中国继承人却完全将工人变成了机械的一部分，当人的主体性彻底被工具化取代时，人们唯一有自主权的，或许就只有结束这一切的权力了。

潘毅并不是感受到发展之痛的唯一一人，《打工女孩：从乡村到城市的变动中国》（*Factory Girl：From Village to City in a Changing China*）的作者张彤禾怀着和前者一样的善良，记录了尚未成年便被资本的力量吸引到新兴企业中来的年轻女孩。她们是中国 1.3 亿名外出打工者之一，与十多个姑娘共同分享狭小的工厂宿舍；她们在面对工厂的剥削、为城市创造惊人财富的同时，自己连这个栖身城市的全貌也没有看过。同时，故乡的家庭仍等待着她们源源不断的汇款。

善良的观察者为工人的不幸感到更大的不幸，然而，是包工头、投资者，还是消费者，更应该背负这道义的原罪呢？或者是消费主义与资本主义？

也许研究者应该换个角度，跳出“发展受害者”的角色，看待这个全球化带来的新问题。

牛津大学的社会学者项飙在《全球“猎身”——世界信息产业和印度的技术劳工》中为我们提供了一个跨文化比较的视角，带我们了解南印度的技术白领。再一次，跨国资本主义将印度农民，变成了现代“码工”，他们编写的应用程序代码被安装到了中国流水线上生产的电子产品中了么？我们并不清楚。然而，我们知道他们的确是同一条资本流水线上的另一群技术工人——等着前往欧、美换来一份能带来妻子和姊妹巨额嫁妆的工作。

同样的故事也发生在蓝佩嘉笔下的“跨国灰姑娘”身上，这群来自东南亚跨国劳工的“海外旅程可以说是一场‘穿越国界的赌博’；为了满足个人欲望、实现自我改造，她们面对的风险与机会一样大。这些女人离乡工作，不仅为了赚取金钱报酬，她们也想到海外探索自主空间、摆脱家庭束缚，以及寻求一张探访全球现代性的门票”。

张彤禾的丈夫、在中国享有盛名的何伟在《寻路中国：从乡村到工厂的自驾之旅》中，驾着租来的汽车，走在越来越平整的道路上。他在中国的十多年经历中见证建筑工地喧闹的同时，也看到“过去的岁月使他们变得坚强——工人们足智多谋，目的明确，创业者们更是无所畏惧”。值得思考的是，他留给了我们一个“个体仅凭着意志力能走多远的问题”。

美国人类学家康拉德·科塔克用他对巴西渔村四十年的观察写成了《远逝的天堂：一个巴西小社区的全球化》。这个南美洲最大的发展中国家在 20 世纪后半程率先走上了现代化之路与全球化之路，走在了中国的前列。曾经摆在巴西社会面前的问题，今天同样摆在了追求现代化的中国人眼前。工业开发对农村土地的利用，工业进程与环境污染，农村劳动力如何通过工厂工作获得教育机会，分享现代化的成果，一切都似曾相识。巴西曾经走过的发展之路，或许是科塔克从南半球为我们带来的一块“他山之石”。

今天的我们不必太早下结论，是茅盾还是费孝通更加正确，但相信理性主义的智慧和对这片土地的热爱，终能帮助身处变迁之潮中的每一分子随机应变（而非格格不入），将自己与世界的潮流融为一体。

外一篇：费孝通与沈雁冰的 1930 *

无意中铸就经典

1936 年的夏日，年轻的费孝通应姐姐之邀回到了位于江苏吴江的家乡。上年冬日，在广西大瑶山田野调查中，费孝通在身体和情感方面都深受创痛。回乡之旅本来是个过渡，一是调养身心，二是为即将开始的英伦求学做一些准备。这一切顺理成章，因为

* 本文原刊于《澎湃新闻·私家历史》栏目（2015 年 4 月 9 日刊）。该文最初为 2015 年 1 月 6 日，上海大学人类学研究所讲座“费孝通与茅盾的 1930——中国人类学家的当代选择”部分内容。源头可追溯至前文“延伸阅读”。

姐姐费达生正在吴江县开弦弓村帮助农民建立“生丝精制运销合作社”。

在随后的一个月里，费孝通被这个合作社所吸引，在村里做了深入的调查。费先生后来回忆，“自此调查并不是有计划的，是出于受到了当时社会新事物的启迪而产生的自发行动”。然而就是这样一份“事出无心”的调查，几年后得到了伦敦经济学院人类学家马林诺夫斯基的肯定，几经修改，费先生写成了他的博士论文《开弦弓，一个中国农村的经济生活》。

这本著作的英文版于 1939 年出版，此时正值抗战，身在云南后方的费孝通却无缘获悉。直至战后返回北京他才终于得见这本著作的英文版。在之后将近半个世纪中，《江村经济——中国农民的生活》与葛学溥的《华南的乡村生活：广东凤凰村的宗族主义社会学研究》、杨懋春的《一个中国村庄：山东台头》和科尼利尔斯·奥斯古德的《旧中国的农村生活：对云南高峣的社区研究》等作品一道，成为外国学者了解 20 世纪上半期中国，抑或中国学者进行乡村、社区研究，都无法绕过的里程碑著作。

由于种种原因，这部关于中国农村的经典作品，直至 1985 年才有了第一个中译本。至此，大多数中国学者才领略到它的全貌。有人说，该书的经典之处，在于首次以现代人类学的“民族志”方法，按照家庭、财产继承、亲属关系、户与村、生活、劳作、农业以及土地占有，甚至包括蚕丝业、土地问题等方面，对 20 世纪前半叶中国农村做了详细描述。也有人认为，这部作品是中国人调查本土社会的首创，跳出了人类学必须调查异文化社区的窠臼。

然而，三十年过去了，曲折的身世，加上朴素的名称，使《江村经济》成为普通读者眼中既熟悉又陌生的作品，不明觉厉，却始终没有人真正解开过隐藏其中的时代密码。

一个关键词：蚕丝业

《江村经济》不是一本难懂的作品，不论是英文原文还是中译本，都显得朴实、诚挚。讨论这本作品的论文数不胜数，然而检索一下，却从未有一篇提到过一个几乎隐藏在每一章节中的最重要的关键词：蚕丝业。

虽然很多人都宣称受到《江村经济》的巨大启发，却罕有人注意到，费先生在全书开头奠定的基调："蚕丝业在整个地区非常普遍，在太湖周围的村庄里尤为发达。……在繁荣时期，这个地带的丝不仅在中国蚕丝出口额中占主要比重，而且还为邻近的盛泽镇丝织工业的需要提供原料。在丝织业衰退之前，盛泽的丝织业号称'日产万匹'。"

费先生接着解释了选择"江村"作为调查地点的原因："开弦弓村是中国国内蚕丝业的重要中心之一。因此，可以把这个村子作为中国工业变迁过程中有代表性的例子。……在中国，工业的发展问题更有其实际意义，但至今没有任何人在全面了解农村社会组织的同时，对这个问题进行过深入的研究。此外，在过去十年中，开弦弓村曾经进行过蚕丝业改革的实验。"

在之后的每一章中，他都未掩饰过对"蚕丝业"的热切关注。比如，在家庭关系部分，他讲述了一个新婚后的儿媳妇如何获得家庭地位的故事："结婚之后的第一个春天，新的儿媳妇必须经过这样一种考试。新娘的母亲送给她一张特殊挑选出来的好蚕种。她完全靠自己的能力来养这批蚕。如果她养得好，显示了她的技能，就能赢得她婆婆的好感。这被认为是女孩子一生中的重要时刻，据此可以确定她在丈夫家中的地位。”

可以看出，对“蚕丝业”的关注在费孝通的《江村经济》中占据了非常重要的地位，以至于他还专辟一章来讨论这个问题。

书到此处，我们可以深切感受到,《江村经济》如此频繁地提到“蚕丝业”或许不仅仅是因为作者的姐姐费达生正在开弦弓帮助农民建立“生丝精制运销合作社”。仿佛是出于某种对“丝织业衰退”的无形责任感，驱使费孝通把关注聚焦这里，而这又是为什么呢?

通过《春蚕》来读《江村经济》

1932 年，就在年轻的费孝通返乡之旅之前四年，另一位早已成名的左翼作家发表了一系列作品。这个后来被称作“农村三部曲”作品中的第一部叫作《春蚕》(另两部分别名为《秋收》《残冬》)。作者是日后成为文化部部长的沈雁冰(他的笔名“茅盾”更为我们熟知)。

茅盾的故乡是浙江桐乡乌镇，和开弦弓虽分属苏、浙两省，但两地直线距离只有二十多公里，同属环太湖平原的东南部。可以肯定，他在写作时尚未认识还在燕大就读的费孝通。《春蚕》描写了桐乡蚕农“老通宝”一家经历的养蚕故事。

“老通宝家养蚕也是年年都好，十年中间挣得了二十亩的稻田和十多亩的桑地，还有三开间两进的一座平屋。这时候，老通宝家在东村庄上被人人所妒羡，……老通宝现在已经没有自己的田地，反欠出三百多块钱的债”。原本养蚕生意不错，甚至挣得家当的老通宝一家，却因为某种原因，赚不到钱，还欠了巨债。

为了翻身还债，老通宝一家豁了出去，把田地抵押买来新的蚕种和桑叶，希望能靠着当年的收入重新兴旺起来。虽然经过一家半年的努力，蚕茧大丰收，却因为“今年上海不太平，丝厂都关门，恐怕这里的茧厂也不能开”而亏损。在付出巨大辛劳后，蚕农老通宝反而没有获得应有的回报。结局是，“人们做梦也不会想到今年‘蚕花’好了，他们的日子却比往年更加困难。这在他们是一个青天的霹雳！”人们实在是想不通，蚕茧丰收，日子却更不好过了。于是把这一切归结到“河里更有了小火轮船以后，他自己田里生出来的东西就一天一天不值钱，而镇上的东西却一天一天贵起来，……派到乡下人身上的捐税也更加多起来。老通宝深信这都是串通了洋鬼子干的”。

在相继四年中，环太湖流域的东南部的作家和社会学家，茅盾和费孝通先后在自己的作品中，描写了家乡经历的某项巨大变迁。而他们不约而同地指向了关于“蚕丝业”的巨变，就不能说是巧合了。

借助《春蚕》来解读《江村经济》中开头的描述，便让人有了豁然开朗之感。旺盛的蚕丝生产一度是江南经济的主要来源，然而，“从 1923 年以后，出口量便就此一蹶不振。1928 年至 1930 年间，出口量下降率约为 20%。1930 年至 1934 年间，下降得更为迅速。1934 年下半年，由于日本向美国市场倾销蚕丝，中国蚕丝出口量随之降到最低水平。出口蚕丝量共计仅为 1930 年的五分之一。这一事实，说明了中国蚕丝贸易的不景气”。毫无疑问，《春蚕》仿佛就是《江村经济》的“前情提要”。而《江村经济》就是《春蚕》应有的后续情节。

然而，事实并不如此，茅盾在“农村三部曲”的后两部中，指出老通宝的儿子，因为认为父辈想靠苦干来改善处境不过是幻想，在那个社会里“规规矩矩做人就活不了命”，走上了武装革命的道路。费孝通则认为，“萧条的原因在于农村工业和世界市场之间的关系问题。蚕丝价格的降低是由于生产和需求之间缺乏调节”。他的全部希望是通过改善技术手段，让中国农村工业在世界市场中重新占据一席之地，从而改善农民生存状况。

费孝通：志在富民

距离沈雁冰和费孝通写出《春蚕》和《江村经济》，已将近八十年了。我们可以肯定地说，同样生活于太湖平原东南部的文学家与人类学家经历的是同一场经济波动的相邻阶段，所以他们看到了近乎相同的景象。但不同的立场和视角决定了他们得出不同结论。

借助费孝通开阔的视野，这场 1930 年代影响中国农村的经济波动，又可以无缝对接到 1929~1933 年直接发源于美国的世界经济“大萧条”。茅盾笔下老通宝“十年中间挣得了二十亩的稻田和十多亩的桑地，还有三开间两进的一座平屋”，得益于“一战”结束后，中国（及世界）经济的短暂繁荣。而突然而至的“大萧条”迅速抹平了中国农村所积累的财富。作为早期“全球化”对中国农村生产产生的巨大影响，带来财富的是“洋鬼子”，带走财富的也是“洋鬼子”，20 世纪初的中国农民建立了朴素的认识。

费孝通曾经敏锐地指出，当农民的“收入不断下降，经济没有迅速恢复的希望时，农民当然只得紧缩开支”。这将造成包括礼仪、家庭结构、社会生产方面的结构性变化，并导致“饥饿和对土地所有者及收租人的仇恨”——这似乎就是茅盾“农村三部曲”的出发点。

然而，正如费先生揭示了世界经济“萧条”才是农民收入下降的真正原因，而土地的被动集中仅仅是这个背后原因的间接结果（而不是土地集中导致了农民的贫困）。他也真正提出了，要提高农民收入，只有依靠中国乡村工业在未来的发展、技术改革与组织合作（而非其他），如费孝通的姐姐费达生所身体力行的那样，才能更坚强地应对外界经济波动的影响，使中国农民实现富裕并保持富裕的成果。

而这或许才是费孝通先生希望通过《江村经济》传递出来的拳拳心意：志在富民。

3. “中产”之后怎样？*

时下中国经济的发展，不但勾画出她惺忪的“中国梦”场景，也推动了“中国大妈”迅猛如潮的抢金浪头。不可否认，中国经济确实以其有史以来最迅猛的势头发展，同时也正催生出一些不再囊中羞涩的群体，在当下中国的语境中，有的人称他们是“先富起来”的人们，也有的人把他们称作“中产阶级”。

在有关“中产阶级”的研究中，最著名的莫过于美国社会学家C. 赖特·米尔斯在半个多世纪之前所写的《白领——美国的中产阶级》一书，他在书中富有启迪地叙述了美国中产阶层产生的背景，并颇为耐心地对其松散的组成进行了细致分类，最后从这两方面不

---

* 本文为李成编著《“中产”中国：超越经济转型的新兴中国中产阶级》一书评论，原文发表于《南方都市报·阅读周刊》（2013 年 5 月 26 日刊）。

无调侃地总结了复杂而多样的美国“新中产阶级没有任何可能形成、创立或领导任何政治运动；他们对自己的生活状况没有任何持久的不满，也不会为自己的生活状况进行任何负责的斗争”。

不过，斗转星移，当21世纪的中国继续她在上世纪后半期以来的经济崛起，一批包括“借助教育上的成就以及在独资企业的职位的人；还有些是国家体制内的人（政府官员和国营企业的中层管理人员）”，以及越来越多“来自中国教育界、娱乐界、美术界的知识和文化中坚分子”在内的人富裕起来，这些逐渐富有的人们开始在经济、政治等不同领域，对这个国家的行为产生切实而深刻的影响。于是，一批中美社会学家、政治学家，就齐集于《“中产”中国：超越经济转型的新兴中国中产阶级》一书中，开始了对这一从经济层面向社会结构变迁的讨论。

有趣的是，对于这一议题，海外学者更关心的是，追求“美国的生活水平——包括高质量住房、一两部家庭轿车、高档服装、旅游的机会，以及相对引人注目的总体消费”的中国新富者，将带来的终极事实：“世界已经无法承受一个始终追求美国消费水平的（尤其是矿物燃料消费水平的）庞大的中国中产阶级”；中国研究者更偏向内在的思考：“中国的中产阶级正在如何演变？它将如何与国家互动，以打造中国的未来？”

“中产阶级”意味着什么？

从字面来看，“中产阶级”包含经济和社会两方面含义，首先在于其所拥有的财富水平，其次才是群体分类，与米尔斯宽泛的分类形成鲜明对比的是，中国的中产阶级似乎不包括“推销员”——如米尔斯所言，“零售业的黄金时代还造就了300多万白领工作人员……1940年，这部分人占劳动大军的6%，占整个中产阶级总数的14%”。如同蒂姆·伯顿导演的电影《大鱼》中伊万·麦克格雷格饰演的“大鱼老爸”的成功推销员，或许构成了米尔斯笔下美国中产阶级的原型。按照米尔斯的解释，“二战”之后美国经济的崛起，推动了制造业的迅猛发展，包括旅行推销员在内，相当一部分普通但有干劲的人们分享到了经济发展的蛋糕，正是这部分在社会中分布较广的群体成为后来美国中产阶层的中坚，而非那些原本就享有社会声望的医生、律师、教授或商业人士这类传统中产人士。

正是这些“非专业人士”或者说市民中产者的出现，推动了美国在20世纪后半期的一系列社会—文化变迁，尽管这些中产者在经济收入上接近某一相似的标准，但由于其在社会各行业中的正态分布，使得通过财富积累的社会资本可以渗透到社会的每个角落——如“大鱼老爸”推动了衰落小镇“幽灵城”的重建和复兴。那么，反观《“中产”中国：超越经济转型的新兴中国中产阶级》（以下简称《“中产”中国》）对其所讨论对象所做的分类“1. 经济群体（包括私营企业主、城市小商人、农村工厂主和富裕农民、中外合资企业雇员以及股票和房地产从业者）；2. 政治群体（政府官员、机关职员、国营企业经理和律师）；3. 文化和教育群体（高校教师及教育工作者，知名媒体人、公共知识分子及智库学者）”就略显得模糊而指向不明了。

在《“中产”中国》所做的分类中，经济群体只占到所有分类的1/3，这使得“中产阶级”可能陷入了一种名不副实的境地，同时这对《“中产”中国》编者有关“中产阶级扮演的日益重要的经济角色或许会反过来提高这一阶层的政治影响力”的假设而言，或许是一个不太有说服力的前提。但是，对于研究者来说，如果这一假设成立，那么只要能证明中国“中产阶级扮演的经济角色”正日益重要，就可以推断出“这一阶层的政治影响力”也在不断增长这一诱人的结论。因此，如何呈现中产阶级经济角色的重要性，就成为中产阶级研究的核心主题，但这在事实上也成为这一理论模型最大的缺陷：单纯以消费或经济水平作为衡量中产阶层的标准。比如在“第四章 全球化、社会转型以及中国中产阶级的构建”中，“收入差距使得收入较高者跻身中产阶级的行列成为可能”，以及“（中产阶级的消费模式）体现了生活方式的变化，因此成为他们构建自我认同、争取社会认可的微观或心理力学”的论述反映了和那个假设前提的最大矛盾：只占分类 1/3 群体的“构建”标准如何作为整个“中产阶级”出现的标志。

“中产阶级”的假设可靠吗？

换句话说，当研究者将消费或经济水平作为这一衡量标准，从而增加了“中产阶级”的实际数量时，实际上便将本来不属于这些消费者的义务和职责，贴在了这些“拔苗助长”的中产阶级身上。而这些被消费数目建构的“中产阶级”又没有实现这个阶级“应有”的责任感，“白领……越来越多地使用招商银行的信用卡，住万科地产公司建的公寓楼，乘东方航空公司的航班旅游，在携程网预订旅馆，在淘宝网购物，观看香港的凤凰卫视，阅读《时尚》杂志”，其中一篇“中国中产阶级与小康社会”这样描写中产阶级的“标准生活”，但除了满足这些物质层面的标准外，“一般说来，中国白领阶层对政治缺乏热情”。虽然在这句之后，该文作者提到了2005年反对日本入常，以及奥运会志愿者或参与赈灾的活动，不过，这和模型期待的结果仍旧相去甚远。同样，小区业委会、超女评选，以及互联网的普及这类中国“中产阶级”研究中的常见主题，也无法支撑这一假设的结论。

在《“中产”中国》的另外几章中，房地产效应和高等教育的扩大化，也成为研究中产阶级的新兴主题，关于房地产效应，该书作者坦然承认“尽管房地产改革改善了某些社会群体的经济机遇（尤其是那些从接近政府中获益的群体），但它并没有造就一个我们期待能在短期内促使政治变革、积极向上的中产阶级”，关于高等教育扩大化，作者得出了“高等教育的扩充在80后一代人的生活中发挥着关键作用，可能这些人最终会成形为一个庞大的新中产阶级”。有趣的是，这两章的结论恰好完全相反，如果说高教和房地产的发展，同样来自中国经济发展，那么两个不同的结果，正好就反映了这组自变量与因变量之间很难构成严格的函数关系。

当这一假设出现很大局限后，本书最后用私营资本和律师行业从业者两个个案继续探索了这个模型的可能。在前一个个案的结论部分，该文作者华盛顿大学政治学教授狄忠蒲对中产阶级研究做了有趣的评论：“从卡尔·马克思、摩尔到福山，这样一些南辕北辙的学者都赞扬了中产阶级（或叫资产阶级）的优点，声称在民主政体的崛起和延续方面，他们发挥了关键性的基础作用。……然而，现有的证据却印证了一个全然不同的结论。”与此同时，在律师行业的个案中，该文两位联合作者在开头便直截了当地指出了中国中产阶级研究的核心问题：“寻找率先在中国搞政治改革的群体无疑已经成为社会学家各自热衷的事情。”用突出的个案来替代定量研究，从这一点来说，已经是对社会学这门学科宗旨最大的背离了。

诚如狄忠蒲教授所言，“我不能对目前中国中产阶级研究表示不屑，将其视为死胡同。我仍然认为，对于研究中国政治来说，这不失为一种有益的概念”。其实，《“中产”中国》就其坦率的态度和充实的文章内容而言，已经算是当下中国“中产阶级”（社会阶层）研究中质量较为突出的研究著作。同时，该书实际上也确实尝试对中国经济发展与社会阶层的关系做出比较全面的阐述。

但对于社会学研究者而言，始终应该意识到，“中产阶级扮演的日益重要的经济角色或许会反过来提高这一阶层的政治影响力”这一假设所包含的各组变量之间的联系不应是线性的简单相关。中国社会的经济发展给了我们更多的契机，给了每个实现或将要实现“中产”的人们改变当下状况的机遇，事实上，诸如多元价值、个体主义，乃至全球化等因素都在其中发挥着作用。不过，如果仅仅将对变迁的关注局限在“社会阶层”这类 19 世纪社会学的常见主题上，恐怕难免陷入缘木求鱼或刻舟求剑的困境。

4. 选择成为一个怎样的国家*

从学生到老师

从前有一个班级，班里有位甲同学，一直学习优异，门门考试都拿第一。同学佩服，老师喜欢，所有的奖状也差不多让他一个人拿了。过了几年，班里转学来了一位乙同学，乙同学天性开朗，有独到的学习方法，外加努力和运气，时常考过甲同学。老师的表扬

---

* 本文为阿里夫·德里克主讲《后革命时代的中国》一书评论，原文发表于《南方都市报·阅读周刊》（2015年10月25日刊）。

和奖状多给了乙同学，当然，给甲同学依然少不了鼓励。但是，甲同学觉得老师偏心。自此心态发生了微妙的变化，甲同学变得固执己见，成绩难有提高，没达预期，最后考入师范。毕业当上一名老师。

甲同学变成甲老师，可对当年的事情还记忆犹新，他觉得要当一个好老师，不能因为孩子的成绩变化而改变态度。可巧，班上也有A同学和B同学成绩不分上下，形成了争相第一的良好势头。有一天，他突然觉得，自己当年很傻气。以老师的视角，一个班里总会有一个第一名，至于谁是第一名，对老师来说都无所谓，因为都是自己班上的学生。老师只希望所有的学生提高成绩。

从学生心态变成老师心态，或许就是甲老师从教以来最大的收获。

“中西对立”怎么破

下文要说到正文，有一个美国人德里克老师，要帮我们思考一下“要变成一个怎样的中国”的问题。美国汉学家阿里夫·德里克受清华大学“梁启超纪念讲座”邀请，对改革开放以来中国知识层面的变化提出了独到的看法。这些想法收入《后革命时代的中国》一书。

相比“革命时代”的中国，与“开放时代”一同到来的还有进一步的“迷失”：“1978年后，对革命历史的拒斥引发了一种文化民族主义，在1990年代越发清晰起来，从而对中国人思考文化和历史产生了深远的影响。”这是德里克所有思考的大背景。

众所周知，改革开放事实上标志着之前一个“革命时代”高潮的结束。在革命时代，革命家们认为英、美同学乘自己沉睡之机偷跑到前头，而阻碍这个国家保持“第一”的主要因素之一，就是被传统束缚，过去的学习方法太过落后。于是他们希望通过“革去旧命，建立新命”的方式来赶超英、美。当然，这个激进的学习方式，结果不太理想。虽然以自己过去的学习方式没能保住领先，但全盘破除旧法，没有提出新的方法，也未能解决成绩不佳的问题。

于是，当革命的高潮退去后，“儒学的死亡与复活”就成了德里克关注的重点，“我们这个时代最具反讽意味的一件事情：孔子被从博物馆中请了出来，而革命却要被放进博物馆了”。这一历史契机与20世纪七八十年代“亚洲四小龙”的起飞密不可分，那些与华人文化有着千丝万缕联系的东亚国家，似乎没有抛弃以儒家为代表的过去，同样实现经济的腾飞，对主流趋势的追赶。

表面上，这个以“欲练神功必先自宫”开头的故事，翻到最后一页时发现，“不用自宫也可成功”。从一个极端，到了另一个极端。更巧合的是，改革开放以后，中国经济起飞的过程，与儒家传统以及“国学热”的出现，在节奏上似乎又有一些吻合。加上杜维明等海外“新儒家”的鼓吹，这不由得让人们感到怀疑，儒家和现代性之间是否真能具有一种“相关性”？更令人困惑的是，这种“后革命时代”向传统妥协的方式，是否根本上质疑了之前一个时代的实践方式和动机？——越回归儒家方式，就越“现代”？

同时，这个关于学习进步的问题，被塑造成一个貌似全新的体验：究竟存在一种现代化，还是多种？中国传统是否能孕育另一条现代之路？德里克老师不失时机地提醒我们，这个问题有着古老的源头，来自公羊学的“华夷之辨”。将本身的世界与自身之外的世界，视作两个截然对立的体系——比如所谓“中西对立”——这些偏执于这两个体系孰高孰低的观念，在今天则具体表现在当代学人对于“天下观”的满心追忆。

德里克还发现，以最大热情参与到这场大辩论中的当代思想家，就是中国社会科学家们，后者热衷于“社会科学的中国化”是一个不争的事实。20 世纪上半期的中国社会科学家本着以社会科学方法解决中国的实际问题的初衷提出了这个口号。他们在“革命时代”继承延续这个口号，则是为了尽快把本学科从“帝国主义使女”的阴影下解放出来。而今的“中国化”倡导者却似乎在无意识中，被“新儒家们”拉入合谋的战壕。

对此，德里克清醒地指出，“社会科学中国化的呼声虽然在 1930、1940 年代看来是合理的，但是在当下却更像一种自我防御和倒退。当前的中国已经不再是帝国主义施行霸权的对象，而是国际舞台上的一名重要参与者”。因此，“将社会科学中国化或许可以舒缓民族主义的焦虑。但是，除非中国被视为一个封闭的系统，社会科学的中国化只有伴随着它的全球化才是有意义的——我们不应当只把‘西方’作为参照物，而是要参照全球各个社会”。

最后，作者坦率承认，“即使中国自 1970 年代以来已经摒弃了革命历史，这些遗产仍然具有生命力”。因为这毕竟代表了一种对普世理想的追求。而“当下讨论的‘中国模式’只不过是现代化范式的一个本土版本”，至于该如何重新认识这个本土版本的意义，他并没有给出答案。

后革命时代的选择权

再次从书中跳到题外，我们或许可以用甲同学变成甲老师的视角转变，来回答德里克的问题。诚如其所言，所谓“中西对立”并不成立，而是一种传统与现代的对立。打个比方来说，是一个班级的学生和一个老师的关系，这个班级中的学生有传统中国、传统印度、传统伊朗以及传统英国、美国，而所有的学生有一个共同的“现代性”老师，这个班级的学习目标，是毕业后成为现代中国、现代英国、现代美国。这个老师表面上和英、美同学的关系密切一些，只不过因为后者在现代性的道路上脚步更快，并不表示他们没有传统的一面，也不表示这个老师就是英、美本身。

更具体的例子，则体现在“中西医学”的辩论上，中国传统医学与世界各地传统医术是并列的一班同学。向现代医学的迈进，并不是向某个具体的“同学”低头，而是改变自己旧有的学习习惯，向现代医学这位共有的老师学习。这既不是一件有伤尊严的事情，也不是“数典忘祖”，而是见贤思齐，因为现代医学并不是某个国家的私物，乃是全人类共享的知识。[1]

从这个角度，再看如同“华夷之辨”的“中西对立”，则将传统中国与混同为“西方”的现代性截然对立起来，无论是纠结于自身传统中的“天下”，还是像某位著名作家那样身穿想象的儒服，化身祭祀的礼生，都只是强化了中国与世界的对立，仿佛题头那位甲同学，将老师与其他同学视作一伙，而将自己孤立于“一个封闭

1　本段内容为公开发表版本所无。

的系统”。

说到这里，道理已经颇为明朗了。德里克向我们宣告了“对立”史观的终结，后革命时代的选择权还在我们手里。是时候将“学生”的视角，转变为“老师”的视角，或许能帮助我们拥抱更大的世界，成为我们想要成为的那个国度。

波利尼西亚地区的独木舟

本书作者在新西兰考察太平洋文化

PA

太平洋各地的独木舟

广东连州瑶族山村

青海同仁县城祭拜山神的藏族、土族

祭山神舞蹈

茂县中国羌族博物馆

汶川 5 · 12 地震后的禹王祠

2010 年开幕的上海世博会展馆

四川大凉山昭觉县

“六月节”上的女性参与者

“六月节”庆典上的盛装藏族女童

“花儿会”上的土族男女歌手

劳作的瑶族妇女

展示纺线的黎族妇女

准备迎接樱花盛放的东京上野公园

在上海世博会上展示欢迎仪式的新西兰毛利武士

西班牙塞维利亚王宫中的中国风折扇

5. 五位人类学家眼中的麦当劳*

将近20年前，一个美国人类学家组织五个东亚人类学家一起写了一本关于“麦当劳”的书，写了中国大陆、香港、台湾地区和韩国、日本这五个不同东亚国家和地区的“麦记”产业。时光荏苒、岁月如梭，20年后，这本名为《金拱向东：麦当劳在东亚》的作品终于被译成了中文。

20年前，这本书的作者们就遭遇了同行们的质疑：你们难道不是在替企业做宣传吗？该书编者哈佛大学人类学系的詹姆斯·华生教授在前言中回应了这个问题，学界对麦当劳的思考主要关注生

---

* 本文为詹姆斯·华生主编《金拱向东：麦当劳在东亚》一书评论，原文发表于《南方都市报·阅读周刊》（2015年8月9日刊）。

产，以管理和劳动者为重心，这仿佛就成了一场“保守派与自由派之间的论战：一边坚称麦当劳是工作与就业的创造者，另一边则指责它剥削员工和浪费资源”。的确，在过去许多年中，中国学术界有关跨国企业的研究，确实就在这两个维度之间摇摆。因此，当华生提出这本书打算关注“快餐业的另一个领域：消费。消费者们如何评价麦当劳”的时候，就事实上同时挑战了左、右两种立场。

这或许是这本在圈内不乏声望的论文集，在近 20 年中口耳相传，却始终没能以中译本的面貌出现的一个深层原因。说到底，在过去若干年中，包括人类学在内的诸多人文学科似乎都变得越来越反对流水线生产、反对跨国企业、反对任何似乎是“大”的事物，貌似成为一种政治正确和预设立场。

当我们终于记起五位东亚学者的文集时，或许表明，经过若干十年的历程，我们可以稍稍放松一下矛盾的心情，以一种更轻松的视角来审视麦当劳，将它从一个远道而来，令人精神亢奋的“生产食物的机械巨兽”，转变为我们日常“文化”整体的一部分。

五个人类学家

书中的五位人类学家阎云翔（中国大陆）、华生（中国香港）、吴燕和（中国台北）、朴相美（韩国）、大贯惠美子（日本）来自不同国家和地区，他们眼中的麦当劳似乎挑战了我们“朴素”的情感。“洋快餐”到底会带来什么影响？麦当劳会替代我们传统的大饼、油条、豆浆吗？麦当劳会改变我们的饮食结构吗？洋快餐会产生食品或原料供应方面的问题吗？我们在媒体上看到的大部分问题在这本书里都出现了，不过，人类学家自有解答。

阎云翔在《麦当劳在北京，美国文化的本土化》里想说的是麦当劳在中国的成功经验，“北京的消费者不仅仅把麦当劳视为休闲中心，还将它作为个人和家庭庆典的场所”。麦当劳跨洋来到中国后，从一个几乎不占店面、靠“速度”取胜的快餐品牌，变成了拥有相当就餐面积的场所。因为中国传统的餐馆都有很大的“堂吃”空间，且不以“快”为先。这种变化并不是单向度的，正如其在发源地只是普通的快餐，来到中国后变成了现代餐饮消费的象征，似乎双方都在适应彼此的道路上发生了不同的转变。

美国人华生研究了香港的“麦记”，在《消费主义、饮食变化与儿童文化的兴起》一章里，他并不同意“文化帝国主义的强势和霸权征服了消费者，泯灭了跨国和本地的界限”这类简单粗暴的观点。恰好相反，他通过长达 30 年的变迁研究认为，“香港普通市民的文化遗产并未丧失，他们也没有成为跨国公司的受害者”。通过与外来食品生产者的接触，在洋快餐餐厅用餐的孩子们，不但学会了就餐礼仪，还将店堂变成了聚会、做作业的“青年中心”（让我们有些似曾相识），因为这里不像茶楼一样聚集了喝酒、赌博的年轻人。

华生的观察和吴燕和在台北的发现非常相似，后者在关于“汉堡和槟榔”的比较中，看到了两类相似又不同的符号体系，“它们代表着台湾大众的两种认同，即大众既需要本土的文化，又需要现代化的大都市。”

至于朴相美笔下与民族主义结合的观察，则提出了一个我们似曾相识的问题，在首尔登陆的麦当劳开始的头两家合作伙伴名为“胜麦克”和“麦克金”，这似乎是中国1990年代后期，广大城乡接合部出现的“麦肯基”“肯麦劳”的山寨鼻祖。而大贯惠美子描绘的日本麦当劳不但成为美国文化的象征，同时也以“猫肉汉堡”成为各种都市传说的灵感源头，“提到的动物不仅包括猫和蚯蚓，还有青蛙和南美大老鼠”。当然，她也指出，所有外国食品在日本都经受过流言的洗礼，“甚至包括源于中国但早已日本化的拉面”，传说拉面之所以鲜美，“是因为它的汤是用乌鸦的骨头熬成的”……

一个麦当劳

相比麦当劳的“猫肉汉堡”传说，我更喜欢日本人关于中国拉面的奇思妙想。这五份来自20世纪90年代的人类学报告，依然富有相当的时代感。东亚其他地区开放时间早于中国，曾经发生在它们社会中的种种文化现象对于我们而言并不陌生，也时不时出现在我们的生活当中。包括“麦当劳”在内的全球化一角早已深入我们的世界。

五位人类学家在东亚通过不同的视角，似乎观察到了相似的现象：洋快餐，虽然是“全球化”带给我们的若干异文化中的产品之一，但它并不是“洪水猛兽”，它既不会替代我们原有的饮食习惯，也不会打破我们的传统文化，更没有添加“都市传说”中那些古怪食材，它只是加入我们生活的一种新的元素而已。有关洋快餐的种种想象，不过是我们想象异文化的两种极端方式——极好（高等文化的食物）和极糟（充满危险、不明成分的食物）——在食物层面的具体表现。对新事物的不解与好奇，有时让我们陷入过于美好或过分恐惧的波峰和波谷，事实上，亲自体验是破除幻觉的最佳途径。

通过他们五位的观察，我们似乎也可以松一口气，我们对自己本身文化也应该更多自信，在洋快餐改变我们生活的同时，我们强大的文化母体，也顺带地改造了洋快餐背后的文化方式，使得它和我们的生活有机地结合在一起，为我们所用。不管怎样，遍地开花的中式“山寨”快餐业的繁荣就是一个证据。“金拱向东”的事实证明，文化接触过程中，给我们带来的更多是积极的生活体验。而这一发现，应该也适用于全球化进程带给我们的其他方面。

6. 打开古人垃圾袋的正确方式*

近日一篇报道，提到澳大利亚阿德莱德大学一个古人类基因研究团队，研究了一个尼安德特人儿童的牙齿化石，发现其牙石残留杨树和青霉素的成分。考古学家据此推测，这个最终夭折的尼安德特人，可能是通过咀嚼杨树皮，获得其中的水杨酸，并借助发霉的食物，汲取了青霉素。这两样物质，前者是阿司匹林的主要成分之一，用于镇痛，而后者毫无疑问，便是一种重要的抗生素。

通过食物，哪怕是一点点牙齿化石上的食物残留，考古学家就可以了解很多意想不到的东西。那么除了水杨酸和青霉素，我们

---

* 本文为景军主编《喂养中国小皇帝——食物、儿童和社会变迁》一书评论，原文发表于《南方都市报·阅读周刊》（2017 年 5 月 14 日刊）。

还可以从人类摄入食物的过程中获得多少额外的信息？当然，绝大多数食物都以有机物的形式存在，在日常生活中通常难以保存。好在，人类在历史上创造了数以亿计的厨卫垃圾，人类学家就把研究史前人类的劲头用到了现代厨卫垃圾的考古上，通过这些食物记录我们甚至可以一窥那个时代的容貌。

二十多年前，几个对食物、消费、家庭和儿童健康颇有兴趣的人类学家（以哈佛大学人类学家为主）以集体智慧，合作写成了一本《喂养中国小皇帝——食物、儿童和社会变迁》。最近这本论文集刚被译成中文，时光荏苒，当年的“小皇帝”已经长成为社会的中坚。回看这本作品，我们又获得仿佛考古一般的体验，就像是偶然打开了一座埋藏着无数食物的宝库。那就让我们看看这个宝库蕴含了多少有趣的信息。

一份回族儿童的食谱

一份来自 1997 年某位西安回族儿童的食谱显示，他“在学校门口的小卖部买了一瓶果汁 5 毛钱，一块泡泡糖 3 毛钱”（上午 8 点）；“从家里的橱柜里拿了三块巧克力，六块糖果…… 在街边的小卖部买了一支雪糕（牌子叫狮子王），1 块钱”（中午 12 点半）；“在学校门口的小卖部买了两瓶果汁，1 块钱。买了两包无花果，4 毛钱。一包粒粒星（一种糖果），5 毛钱。一支雪糕（牌子叫白胖高），1 块钱”（下午 5 点）。

在这篇名为《西安的儿童食品和伊斯兰教饮食规范》的文章中，我们发掘出了这样一份有趣的“零食”消费记录，就好像我们穿越时空，打开了一个整整保存二十年的家庭垃圾袋，里面露出了三个果汁瓶、一块嚼过的泡泡糖、三张巧克力和六块糖果包装纸，两个无花果和一个糖果包装袋，以及两根雪糕棒。幸运的是，这些完好无损的食品包装上，还保留了各自的品名和价钱。

现在，我们家庭垃圾考古学家，在试验台上，就摆放好了这些东西。首先，这些食物显示了一个非常有趣的现象：传统向现代生产的妥协。传统上“穆斯林社区的居民支持穆斯林们自己制作的食品”，因为这是“清真的”。而观察发现，当时的“回民也吃工厂生产的食品”，其中一个主要原因可能是，“它们是由流水线机器而非手工生产出来的”。这在很大程度上越过了食品生产过程中的“制度性”困境。

其次，尽管当时有些虔诚的教徒“拒绝喝碳酸饮料以及吃任何和西方有关的食品”，但由于穆斯林禁止饮酒的规则，人们在婚礼等喜庆场合还是会摆上汽水等软饮料，以增进欢乐的气氛。过去因为饮食上的约束，回族很少在非穆斯林朋友家中接受食物，而巧克力、糖果等外包装食品的出现，使得这道无形存在的障碍慢慢得到化解，拉近了穆斯林与其他人群的距离。

最后，体现在儿童食谱上的，是父母一代对自己，对外来的认识。毫无疑问，这些新式食物的出现，也提醒了当时的父母们，“自己的子女通过这些食品能够更好地了解外国的事物，让他们更好地适应工业化、高科技、世界公民式的社会生活”。

通过这份食谱，我们完全可以看到过去20年间发生的一些变化和关乎未来的趋势。二十年前流行的那些食物或许早就退出历史舞台，它对我们当下的影响依然存在。我们可以发现，全球化对地方生活的深刻影响。通过新的“工业化的”食物，我们打破了传统在人们之间造成的文化壁垒。而“现代化”食物不但为不同文化中的人们提供了新的选择，也用这种选择增强了人们对自身前进方向的趋同化。

“吃啥变啥”

我们在《全球化的童年？——北京的肯德基餐厅》一篇中，发现“肯德基的纸质包装盒”完好地出现在1987年的北京的地层中。与之相伴的还有，另一个写着“荣华鸡的包装盒”，出现在稍晚一点的1989年。在后者刚出现的时候，其销售数量曾经一度逼近前者的半数。可后来，随着肯德基包装盒一同出土的小型玩具和纪念品被发现后，荣华鸡在地层中出现的频率开始大幅下降。因为“位于北京中心王府井大街的肯德基甚至有一个独立的柜台专门卖玩具和纪念品”。使食物从简单的果腹功能，延伸到一个更大的象征体系——代表了市民阶层眼中的西方文化。

炸鸡这种全新的快餐形式，在20世纪后半期诞生，终于搭上世纪末班车，出现在中国的街头。从一开始，这就不是一种单纯的食物。在另一本人类学著作《金拱向东：麦当劳在东亚》中，作者就讨论了这个多元的话题。当它最终击败其他本土模仿者后，它也不可避免地实现了自身的本土化，“最终成为了北京儿童生活中不可或缺的一部分”。

在《国家、儿童和杭州娃哈哈集团》中，我们找到了那些早期的“娃哈哈果奶”包装瓶，以及原先那些该品牌生产的罐头。而这两种产品遗物截然不同的转变就发生在20世纪80年代。这家原先生产罐头食品的杭州校办工厂，敏锐察觉了国家对“儿童食品工作”的重视，迅速抓住契机，调整了生产方向，开发了一系列针对儿童健康及营养的产品，并因此很快赢得了消费者的青睐，尤其是儿童及他们的父母。

如果说，肯德基留下的食物遗存，让我们看到了1980年代末，全球化对中国餐饮业的冲击。那么娃哈哈则从另一个方面，展现了当地精英对这种变化的地方性回应。在“发现”儿童的同时，创造了一个儿童的市场。并以食物的方式，巩固了对这一市场的边界。这一切，又反过来折射出，当时中国正日益嵌入全球化的共谋。

在考古人类学的食物考古方向，我们有一句俗话，“吃啥变啥”。我们可以从人类的骨骼元素构成中，分辨出古人是采集食物，还是种植食物；分辨出以动物性食物，还是植物性食物为主；也能分辨出眼前的这位古人是健康还是患有疾病。

在今天，我们同样可以将这项技术运用到当代儿童的食谱研究中去，二十年说远不远，说近不近。20世纪末，肯德基刚刚进入中国大城市商埠，海外食品巨头探索着打开中国市场；专门针对新生儿的婴儿食品，开始从妇婴医院流行开来；北京的儿童们开始在过生日时，邀请同学们一起进餐；甘肃的农村里，电视广告带来了对食物的全新展示。这些变化的背后，是我们共同经历的改变，是二十年前中国的缩影。

研究食物，其实是在帮助我们了解自己。食物不仅决定了“吃啥变啥”，还影响了我们的思考和行为，以及成长经历。因为，今天绝大部分本书的读者，曾经是当年“中国小皇帝”的一员。

7. 万顷碧波下的记忆*

“历史”之外的记忆

十年之前，我从兰州前往黄河上游的炳灵寺石窟，沿着盘山路，骑自行车到永靖县的刘家峡码头。在这里，我要搭乘快艇横渡著名的刘家峡水库，才能溯黄河而上，来到炳灵寺石窟。第一次见到刘家峡水库的我，被这万顷碧波感动，盛夏时节，身在西

* 本文为景军所著《神堂记忆：一个中国乡村的历史、权力与道德》一书评论，原文发表于《南方都市报·阅读周刊》(2013 年 9 月 1 日刊)。

北高原，却有环湖碧绿满山。快艇激起的水花，带来沁心凉意，催走了适才傲人的暑气。在这湖地洞天中破浪二十多分钟，尚未涤尽千尺湖水，亲水岸边的炳灵寺码头已在眼前，码头背后就是庄严石窟。

后来者看到的只是人类改造自然的奇迹，而一切过往，以及万顷碧波之下的记忆，或许只有黄河岸边伫立了15个世纪之久的大佛才一一记得。20年前，人类学家景军来到了刘家峡下游不远处盐锅峡的大川村，从村里定居的孔家人那里，他发现了曾经在水面之上存在的大川村，以及宽阔、舒缓河面边缘一片废墟中的孔庙。通过孔家人对1960年代以来各种往事的回忆，水下村落与大川之间的脉络得以重建，一座消失的孔庙渐渐从水边慢慢浮现。在英文版、网络流传中译版相继流行十多年后，这段往事终于以中文版——《神堂记忆：一个中国乡村的历史、权力与道德》呈现在我们面前了。

虽然姗姗来迟，但景军在书中，批判性采用的法国社会学家埃米尔·涂尔干弟子兼同事莫里斯·哈布瓦赫提出的“集体记忆”概念还是会给初读者留下深刻印象——“研究在家庭、宗教群体和社会阶级的环境中，过去是如何被记住的……所有对个人回忆的讨论必须考虑到亲属、社区、宗教、政治组织、社会阶级和民族等社会制度的影响”。作为涂尔干的学术继承人之一，哈布瓦赫承认“集体记忆”作为一种社会整合力量的同时，指出“个体记忆”所具有的独一无二的属性，正是这种多元叙事的存在，赋予了个体具体的行为实践。因此，在此项研究中，景军借助大川村民口耳相传的口述历史，重建了与主流“历史”不尽相同的“社会记忆”。

虽然该书甚厚，但书中涉入的深度足以令读者打消疑虑。通过书中涉及的两个主题，“第一个涉及了人类的受难，包括个人的遭遇和社区的挫败；第二个涉及到对灾难的处理，以及在……经济萧条、文化中断之后的复苏”，大川居民的文化实践在人类学家笔下渐渐露出水面。

黄河边的村庄

甘肃兰州西南的永靖县境内，“黄河从青藏高原上奔涌而下，切出了一个S形的峡谷，大川村就位于峡谷的中部”。中国西北地区，河道在黄土梁峁沟壑区下切所形成的河谷地带，不但孕育了该地区历史上独特的河谷农业文化，也在这些落差巨大的狭窄山谷间蕴藏了巨大的水能资源。汇聚了洮河、夏河之水的黄河需要通过永靖县相隔不远的“刘家峡、盐锅峡及八盘峡，才能继续流向下游，这三个相当狭窄的高山峡谷被视为建造一组阶梯形水电站的理想位置”。1958年开工的盐锅峡，在三年后竣工，“大川村的孔家人不会忘记三十多年前村毁庄散、天崩地裂的那个冬天。那是1960年发生的事情。当时在“大跃进”中，政府雄心勃勃地要上马一项水利工程，宣布在秋后他们要从家乡迁走，为一座水电站和水库让路”——《神堂记忆》的开头写道。

在官方叙事的版本中，正如我们耳熟能详的小学课文《参观刘家峡水电站》里的描写：“碧绿的湖水映着蓝天白云，更显得清澈。……湖水从大坝的进水口直冲下来，流入电机房底部，推动水轮机。水轮机不断运转，发电机就产生了强大的电流。电流通过高压输电线，输送到各地去。”个体被一种更大的叙事淹没，这种无始无终的静态画面，遮蔽了宛在水中央的大川。的确，如课文中色彩鲜明的画面中，“电机房里灯火辉煌，五台绿色的大型发电机组，整齐地排列着。……甘肃、青海、陕西等省区广大城乡用的电，都是从这儿输送去的。”由技术成就组成的现代性，构成了一种积极进步的涂尔干式的“集体记忆”，而消失的个体则“失去”了自己表述另一种记忆的机会。

幸运的是，通过人们口述记忆的还原，作者将我们引入另一组历史叙述的路径。由于“大跃进”期间的“浮夸风”盛行，“不少大川人认定……黄河在一年内被截留也是在搞浮夸”，而国民党时期水电专家的失败，也加剧了人们的这种想象，以致“尽管盐锅峡大坝即将竣工的消息不断传来，离开大川的人数仍然很少”。更令人啼笑皆非的是，在“集体公社化”的背景之下，人们误解了与水库移民补偿有关的“财产调查”，“当地居民怀疑财产登记的真实目的是要将所剩财产充公大集体”，以致“不少村民故意掩盖自家财产的真实价值”。正是这个显得有些“超现实主义”的故事，揭示了个体记忆中更为多元的主题。服务于现代化建设的初衷，出于对库区移民的真实关怀，却因为某个特殊时代中独特的价值标准，共同演绎了一幕令人感慨的荒诞剧。

正是通过这样一种集体记忆之外的个体记忆，景军得以渐渐重建当地社会的历史，这种历史在此之前从未被官方文献记录，游离于“灯火辉煌的电机房”之外。

拆而复建的孔庙

随着库区蓄水一同消失的，还有大川最著名的孔庙，虽然其并未被上升的水位淹没，但随着地下水位上升，松动的地基已经威胁濒临岸边的孔庙。在临夏地区，大川的孔庙始终是当地穆斯林海洋中独特的岛屿，在 20 世纪之初，大川孔姓人从曲阜总庙续上的族谱，更加强了他们对自身文化特征的认同。虽然孔庙在 20 世纪 60~70 年代的运动中尚未消失，但在该运动进行到如火如荼之时，孔庙剩下的部分也全部拆除。

当 80 年代来临，当地人终于有机会重建孔庙时，作者转入第二个主题“经济萧条、文化中断之后的复苏”中。作为“进步”的大坝的对立面，这一古老建筑的重建在勾起人们对过往历史的回忆时，在一定程度上也成为人们对当下社会政治 - 经济地位关系重新调整的参照物。1984 年，“联合祭祖活动才在一个三间房的木匠作坊里恢复”，而这一活动的负责人则是大川村当时最高的行政领导。对于那些曾经代表官方力量对“乡里乡亲”在过去的不幸负有责任的行政人员来说，“祖先崇拜属于一个可以打造集体认同的难得机会，集体祭祖为村干部提供着一种特殊的社会组织形式”。

然而，集体化时代的终结很快就通过孔庙祭祖活动的微妙变化，体现在大川村的社会层面。不到一年，村干部不得不“将组织祭祖活动的象征性权力交给一伙颇有传统文史知识的老人”。同时，旧时代干部把持的行政位置也被一群更年轻的成员取代，这群多半在“部队、技校、建筑工地或其他大川以外工作岗位加入党组织”的年轻人，“利用在外面工作时建立的各类关系”推动了村落领导层的更新换代，而证明他们比前辈更有能力的，恰好就是在“大川要求水库移民补偿”、帮助群众争取自身权益的努力上。在大川新的村落领袖以及其他村落成员的努力下，“1985 年到 1987 年间，国家允许永靖县以移民的名义从刘家峡水电站以及盐锅峡水电站的收益中提取 1000 万元。这笔款项被用在当地的 30 个扶贫项目中，目的是改善灌溉设施或减轻土壤侵蚀”。

其中的有趣之处在于，大坝的最初出现宣告了孔庙的终结与集体主义官方的出现，而 80 年代新出现的社会趋势促成大川孔庙重建的同时，反过来，又通过唤起库区民众对自身权益的意识，重新调整了地方社会的权力秩序。换句话说，孔庙的沉浮，以象征的形式推动着大川社会力量的互动与更替。

缺失的记忆碎片

在该书的后半部分，作者着墨于大川孔氏的“族谱记忆”，虽然这和全书的“记忆”研究序列保持一致，但这段对晚近族谱内容的叙述似乎过多关注仪式的制度化内容本身，反而失去了对利用这些制度化仪式实现自身利益之人的讨论。

而且，如桑格瑞在 1998 年《亚洲研究学刊》中的书评所言，《神堂记忆》的作者“指出：1905 年族谱和 1991 年仪式书的编纂者都是想形成历史感，……这些编者通过把不利于祖先名声的一些史实进行删除、回避以及改动，制造出一个神话，说他们孔家的共同始祖不仅是个爱国者，而且是捍卫国家尊严的民族英雄”——遗憾的是，很可能缺乏（族谱）文献训练的作者，将对族谱内容的认识，完全等同于人们对当下合法性的证明。事实上，如果能透过当代编修者的视角来审视这本带有历史厚度的文献，或许能进一步揭示 1949 年以来，大川社区围绕水库、孔庙所延伸出的社会分层、代际关系、政治认同，是如何深深烙进了当地人群的社会结构的——每一个社区成员被写入孔氏族谱的同时，也带上了他们所处时代的烙印。

不管怎样，该书后半部分的瑕疵并不能掩盖全书的睿智之处。通过对黄河上游一个库区移民村落中个体记忆的重建，景军先生帮助我们以及当地人们，揭示了半个世纪以来，淹没在碧波万顷集体记忆之下，时代变迁面前所经历的“个人的遭遇和社区的挫败”，同时又细腻地展现了当地社区在“经济萧条、文化中断之后的复苏”。从某种意义上说，这些借助人类学的眼光，所发现的真实的文化实践，同样适用于对今日中国社会变迁历程的解读。

8. 我们的凉山兄弟*

2012 年的夏天，我到过凉山，从凉山彝族自治州首府西昌出发，乘坐班车途经昭觉、美姑，越过黄茅埂，抵达雷波，完成了穿越大凉山的旅行。在这地图上直线距离也就 100 多公里的路程中，两天一夜里，我经历了夏季大雨过后的滑坡、塌方、落石，几乎把生命留在了雷波县境金沙江的一条支流上，这时，21 世纪已经开始了第二个十年。

位于四川省最南部的大凉山地区，高原西枕，金沙江带，地貌皆为深山大壑，偶有高山平坝点缀其间，这片至今交通仍不便利的

---

* 本文为刘绍华所著《我的凉山兄弟：毒品、艾滋与流动青年》一书评论，原文发表于《新京报·书评周刊》（2015 年 8 月 12 日刊）。

山区，就是彝族人民自古生息的土地。除了交通极为不便，凉山地区历史上以劫掠外来人口维持农业生产的经济方式，也让外界的人们望而却步。20 世纪 20 年代以来，杨成志、林耀华、马长寿、曾昭抡等学者都以践履大小凉山，而成就一段学术事迹——在当时而言，能安全通过凉山便足称壮举。

以常识来判断，如此交通不便，又加风俗迥别，凉山在声望上当与富裕无缘，于其他方面也应默默无闻。然而，实际情况并不如此，20 世纪最后十年以来，这里渐渐以毒品和艾滋病感染者惊人的增长数量，积累了本不该属于这里的名声。

一个交通不便且仍处贫困的山区却为何染上了现代文明滋生的痼疾？为了解开这个问题，哥伦比亚大学医学人类学博士、台湾中研院民族学研究所助理研究员刘绍华深入凉山，她找到了“凉山州里受到海洛因和艾滋影响最严重的社区之一”——一个高山盆地——展开调查。这一切，促使她提出了贯彻其研究始终的一系列问题：“为什么诺苏人（凉山彝族自称）……在海洛因和艾滋面前显得特别脆弱？与之相关的问题还包括：当地人的生活如何随着毒品开展？对于海洛因和艾滋这两个犹如孪生的流行病，当地人又是如何因应？”

带着这些问题，刘绍华于 2005 年开始，走入大凉山深处，在那里开始了她的田野工作。在田野调查期间，她结识了一帮“凉山兄弟”，透过这帮凉山兄弟的生命历程，刘绍华认识了现代社会的发展加诸这一山区民众的困境，以及当地民众的文化回应。在此基础上，她写下了《我的凉山兄弟：毒品、艾滋与流动青年》（以下简称《我的凉山兄弟》）一书，透过她的观察，读者看到了这些社会－经济结构的变迁，在诺苏民众的文化中烙下了时代的印记。

当文化结构遭遇社会变迁

经济发展的浪潮在20世纪末最终波及这片川南山区时，重重群山已经无法让这些山区居民置身事外了。水力发电厂等现代社会基础设施的出现，非但没有改善当地生活质量，反而因为“他们的收入太低，付不起电费”，折射出当地以往依靠物资或人力交换服务，缺乏现金收入的情况。同时，当地逐渐出现的集市贸易反映的“市场化及商品化扩展了当地人的欲望，尤其是年轻人……市场上形形色色的人和琳琅满目的商品……让他们得以一窥在村落、诺苏世界，甚至中国之外的世界是什么模样”。

尽管作者没有进一步发掘历史，但《华阳国志》提到的“(汶山郡)夷人冬则避寒入蜀，庸赁自食，夏则避暑反落，岁以为常”的经济模式，从文化上揭示了四川盆地山区与平原人群至少从16个世纪之前，就已经发展出某种经济互补方式——山区人群在农牧空闲时，会短期前往平原，通过劳作等方式，换取一定物质收入，然后返回故乡。借助刘绍华提供的民族志观察，我们可以发现在面临经济发展带来的外界刺激面前，古老的文化模式再次推动当代的诺苏民众延续了历史上的脉络。

“二〇〇五年某个春日，我聆听着一名三十五岁的诺苏男子向我描述他在都市里的生活。……他们在都市游荡的经验，往往都与毒品、盗窃、坐牢有关，偶尔也伴随着病痛与死亡记忆”，刘绍华通过对多位报道人的记录发现，这些类似的在都市中尝试谋生的体验，在当代诺苏青年男子中非常普遍。由于现代社会经济的迅速发展，山地居民在语言沟通、教育，以及技能方面比较薄弱，已经无力实现简单的“庸赁自食”了。随着社会－经济结构的整体变化，在原有文化模式指引下的人们需要通过文化变迁，重新适应新的结构。作者将“诺苏年轻人因为贪玩、吸毒，或寻求各种机会而流动到都市”的方式比作一种当代的“男子成年礼”，这些年轻人虽然“面临诸多困难，他们对于资本主义现代性的向往与追寻尽管失之鲁莽，但至少刚开始时，他们有机会衷心实现自我”。

在追寻现代性的过程中，由于文化上与他们暂时栖居的都市生活格格不入，利用盗窃来获得有限的现金收入，继而陷入囹圄，导致在都市中进一步边缘化，成为诺苏青年城市体验的恶性循环。这种生活上的困境，加之凉山地区历史上对鸦片等成瘾物的“正面记忆，可能让年轻人因而对海洛因毫无防备，忽视其可惧的成瘾效力”，在 20 世纪 90 年代之初，诺苏青年刚在城市边缘接触毒品时，他们便成为都市文化阴暗面的受害者。“诺苏青年的心态显示‘尝鲜’是其重要的吸毒动机”，作者同时指出，“海洛因迅速成为年轻人之间展现时尚与社经能力的指标，享受流行的海洛因象征购买力，而购买力的高低则反映出在都市里生存本领的能耐”。她用一个著名纠纷调解人（德古）的案例，展现了毒品在文化变迁中的角色，为感谢这位德古为人们调解纠纷，被调解人表示：“他不喝酒了，给他买毒吃！”这位调解人后来回忆了 2000 年时毒品带给都市边缘诺苏青年的后果：“现在都吸毒了，没打架的了，毒让他们麻了，没能力打了。”

现代性付出的代价

很难说城市冒险带给诺苏青年的究竟是好、是坏，“那些外出返乡的年轻人往往自鸣得意……不过，他们的确见过世面，也大致学得汉语，此外，劳改或劳教戒毒也是难忘的学习经验……不少诺苏青年坐监时，居然也学到像是弹吉他等新把戏，返家后还可以现给亲友看，娱乐大家”，刘绍华如实写到，然而，城市经历留给诺苏青年的远远不止这些。海洛因被返乡青年带回家乡，“也令当地年轻人趋之若鹜”，在其调查的村落，“1995 年左右毒品迅速扩散”，作者 2005 年所做的小型家户调查显示，“53 位年龄介于 15 到 40 岁的男性当中”，70% 曾有吸食毒品经历。

一方面，闭塞的环境、不便的交通使城市环境对毒品的禁令和道德谴责难以深入山区，使山地居民尚未意识到毒品的危害，甚至反而视其为“佳品”，加剧了毒品的泛滥；另一方面，山区环境终究贫困的经济现实，使得“毒品消费”的增长最终对整个区域的居民造成了灾难性的打击。“荷包短缺的吸毒者常用静脉注射的方式来解决成瘾需求”，根据对当地戒毒所 1649 名吸毒者的调查：“大部分都是农民和文盲，年轻人居多”。对于缺乏现金收入的诺苏城市“探险者”来说，注射成了他们拮据经济条件下又深罹毒瘾的妥协，然而，对于缺乏卫生常识又窘于收入不足的成瘾者而言“共用针头这种粗心行为便可能造成艾滋病毒在注射者间的传播”。

如果说吸食毒品还不是成瘾者最大的灾难，那么由于不洁注射方式的泛滥，致命的疾病如影随形。书中不止一次出现诺苏青年淳朴、憨厚的笑容，不比任何其他地方的青年缺少灿烂阳光，却在不断攀升的艾滋感染率面前，渐渐枯萎。全书还有一半的篇幅留给了当地的艾滋病防治工作，包括国家、地方和国际上的合作项目在这个至今仍然交通不便的山区收到了不同程度的回应。有些利用诺苏家支本身的约束力控制了本村年轻人对毒品的依赖，然而，在更大的市场网络面前却显得力不从心。另一些曾经在国际上展现成果的措施，却因为无法融入当地业已存在的文化体系而变形走样。虽然，艾滋病感染者在过去由于当地总体缺乏疾病认识而免于歧视，但与医学常识共同增长的，是感染者与其他族人之间关系的淡漠。

发展中的问题，终须在发展中解决

在国家和地方政府，还有当地社会团体的共同努力下，疾病的增长速度有所放缓。在现代化、全球化冲击的浪潮前，所有人群或多或少感受到长痛或是短痛，但凉山腹地的诺苏人对这种痛楚的感受无疑更为彻骨。富有洞察力的该书作者又把目光投向了付出适应变迁的代价之后第二、第三代走出凉山的诺苏青年，那些新来成都的年轻人“第一夜毋需风餐露宿，也不用投住贱价肮脏拥挤的旅社。他们在外混了多年的前辈，让他们的城市之旅顺畅许多，可以直通建筑工地，直通城市的生活之道……”

大凉山诺苏民众感受到的匮乏、欲望，以及身罹疾病的困苦，只是这个国家在发展过程中，对现代性所作种种尝试之反馈的一个缩影。既然发展的潮流难以逆转，如何帮助那些山民更快地融入现代的潮流，而非格格不入，或许是我们能更多思考和实践的方面。毕竟，发展中的问题，终须在发展中解决。

去年夏天，沿着金沙江岸边新修的公路和隧道，班车载我穿过了尚未完工的溪洛渡水电站路面，横跨金沙江而东。在此之前，我在凉山最后一站雷波县的向导不无骄傲地告诉我，这个在建水电站的基建工程改善了凉山与外界的交通，现在凉山到外界的距离缩短了许多。路边卷起滚滚沙尘的土方车，是这个发展年代的表征，曾经把贫穷感受和疾病带给这片山区的现代性，也注定是帮助人们摆脱这些沉疴的重要路径——沿着这条路径，我们的凉山兄弟终有一天将更稳健地走出凉山。

第四编　性别与社会

性别平等，是最大的平等。人类学研究文化，解释文化，显而易见的目的在于，推动不同文化背后不同人群之间的平等与信任。而这些实践则以个体与个体，人与人之间的平等作为终极目标。而两性之间的平等，将是这条征程的最后一站。

性别间的差异固然源自生理，然而文化上的差异却加剧了两性间的不平等。人类学或社会学，关注劳动性别分工及其背后的文化逻辑。通过“扫描”两性，尤其是女性，在日常生活、劳作中重要的经济与非经济付出，将让我们认识到两性劳动更为真实的比重。

其实，并不只有女性才是天生的“女权主义者”，两性平等也不仅是针对女性地位的提高。只有通过两性共同的努力，才能将男性和女性从各自性别角色的刻板印象中解放出来，卸下性别标签化带给每个个体的负担，实现真正意义上的社会平等。

1. 一个非洲女孩的生命史*

她13岁有了第一个丈夫，丈夫是一个大她十多岁的男人，婚后没几天，因为丈夫和伴娘乱搞，她的家人把丈夫赶走了。过了一年，家里又给她找了第二个丈夫，这时她的乳房刚发育。她不喜欢和丈夫在一起，丈夫不给她提供食物。她的娘家人又把她带走了。

她有了一个情人，他们关系很好。可他已经有了一个妻子，她拒绝做他的平妻——地位相当的妻子之一——又离开了情人，和家人一起过。这时她还没有完全发育好。

---

* 本文为玛乔丽·肖斯塔克所著《妮萨：一名昆族女子的生活与心声》一书评论，原文发表于《南方都市报·阅读周刊》(2017年11月19日刊)。

16 岁时，她有了第三个丈夫，这一次她终于喜欢上了这个丈夫。因为他没有强迫她发生关系，一直到她开始来了月经。之后三年里，她的丈夫还想娶一个平妻，但她最后把这个女人赶跑了，因为她忍受不了和别的女人一同分享自己的丈夫。她的丈夫经常外出，不是打猎，就是打工，她和丈夫的弟弟也有了关系。

后来，她的第一个女儿长得有点像丈夫的弟弟。这个头胎的孩子刚会走路，就得病死了。她第一个成活的孩子是个女儿。她经历过流产，孩子早夭，有男孩也有女孩。她和第三任丈夫的最后一个孩子是个男孩。这之后，丈夫也死了。她独自带一个女儿和一个幼小的孩子回到父母的村子。她这时差不多 30 岁。

她是《上帝也疯狂》的原型之一

这就是一个非洲女孩的上半生，这个女孩的名字叫作妮萨。这只是一个化名，这个女孩是生活在南部非洲纳米比亚和博茨瓦纳的一群昆人的代表。1960 年代末，人类学家玛乔丽·肖斯塔克和丈夫一同来到非洲南部的博茨瓦纳，与昆人一同生活。后来，她便以这一名字，写下《妮萨：一名昆族女子的生活与心声》一书。

玛乔丽之所以选择昆人作为研究对象，有着她发自内心的愿望。作为西方第二波妇女解放运动的一代人，玛乔丽的“社会正在质疑关于婚姻和性的传统价值观念”，女性固有的社会角色和性别身份是否与生俱来，是那个时代迫切需要寻求解答的问题。她对这次非洲之行充满期待,“我期望这次田野调查能帮我厘清妇女运动提出的某些问题。……她们的社会跟我们不同，没有老被各种社会政治派别干扰，告诉他们女人应该这样或者那样”。

像所有的人类学先驱一样，将昆人作为和西方社会等同的对比组，是她的初衷，如果能从昆人社会中获得妇女自由的证据，将可以证明普天之下的妇女，所承受的墨守成规，都可能是社会后天建构，而非天经地义的。

玛乔丽为何会找到昆人呢，20 世纪 80 年代拍摄的经典喜剧《上帝也疯狂》(1、2) 说明了一切。在该剧中，以昆人为原型的非洲部落，依旧过着极为简单的物质生活，连一个外来的玻璃可乐瓶子也会引起全族成员的追捧。在当时的人类学家眼中，昆人之类人口分散的小规模人群，就代表了人类社会最原初的天然模样。

真实的昆人生活并不像电影中那么浪漫和欢乐。其中的残酷和艰难，当然也包括乐观和应对，就通过妮萨之口，以玛乔丽描绘的南部非洲女性的“婚姻和性”表现出来。

一个非洲女性的下半生

带着失去丈夫的痛苦，她带着女儿和儿子在父母的村里生活。她拒绝了第一个来追求她的男人，因为她不想做他同时拥有的第二个妻子。

她没有和童年时的情人走到一起，另一个男人成了她第四任丈夫，只是因为他“死缠烂打”。她的内心并不是特别接纳他，于是又有了许多情人，至少五个吧。

丈夫很愤怒：“不，你……你不是个女人，没准这就是原因。没准你是个男人，因为你的所作所为就像男人——找一个情人，又找一个，再找一个。你到底算什么女人……”

她却反驳道：“这是因为我不接受你，不想要你，就算现在我跟你结了婚，那也是因为谁都坚持认为我该跟你结婚。我怕说不，所以嫁给你。你无权用你的忌妒来责骂我。你要这样的话，我就离开你。一开始我就不想嫁给你，即使到现在，我的心也只有一点点向着你。你没有得到我全部的心……”

最后，男人拿走了她藏在小盒子里、给欧洲人帮工赚来的钱，偷偷跑去喝酒。被发现后就逃跑了，抛弃了她。她和第四个丈夫的关系，就这样完了，那时还怀着他的孩子。在这段时间里，她肚子里的孩子，可能因为营养不足流掉了。她的爸爸去世了，很快，妈妈也去世了。

带着女儿和儿子，她遇到了自己的第五位丈夫。他帮助她摆脱了上一任丈夫无止尽的纠缠。“我们一起过，一起坐着，一起干活。我们深爱对方，我们的婚姻非常非常牢靠。”这是她最后一任丈夫。

她后来还交往过不少情人，但并没有冷淡自己的丈夫；她的丈夫有时也有别的情人。她和丈夫之间一直保持着相爱的关系。因为她开始理解这样一个道理：“妇女很强大；女人很重要，我们族的男人说，妇女是酋长，最富有也最有智慧，因为妇女拥有让男人活命的最重要的东西：她们的阴道。”

两个女人的友谊

玛乔丽最初并没有和妮萨建立良好的关系，她对这个热情有加的女人保持着距离。像大部分田野调查的人类学家一样，玛乔丽更倾向和她年纪相仿，或没大几岁的女人交朋友，听她们分享的故事，而对比她大好几十岁，年纪可以做她母亲、阿姨的妮萨并不亲近（有趣的是，她后来确实以女儿、侄女的身份和妮萨合作融洽）。

就在玛乔丽准备带着失望离开昆人部落时，又想到了这个"坦诚热情甚至风趣"的老年妇女。因为她一直没有收集到自己期待的"真实"的故事——与她交往的同龄人，要么表达能力有限，要么人生阅历不足。

于是，她用田野调查最后三周的时间，放下了所有的顾虑和纠结，全心全意地倾听起妮萨的人生故事。玛乔丽不再纠缠于妮萨故事中矛盾或看似不合理的细节，比如，近似荒诞、错乱的性关系。在两个星期中玛乔丽完成了足足有 30 个小时的录音。就这样，一位昆人妇女充实而立体的人生过程呈现了出来。曾经，人类学家眼中千篇一律的丛林生活，被精彩纷呈且富有诗意的人生故事永远取代。

"'风会引路。'有次她讲得更诗意：'现在我跟你说另一个故事，我会打开话匣，告诉你这里的生活。讲完后，风会带走它，如同这沙上消失的其他事物。'"

十多年后，当玛乔丽带着早已誉满全球的《妮萨》一书，回到妮萨生活的沙漠小村时，她已经是一个身患乳腺癌的病人。若干年来，她并没有将昆人妇女妮萨的生命史，当作一段可供贩售的猎奇故事，而是作为她与妮萨友谊的见证。昆人的祛病舞蹈没能治好玛乔丽身体上的疾痛，但老年妮萨的确陪伴她走过了生命最后一段历程。而她也成为妮萨生命史的一个真实参与者。

妮萨的故事，就发生在20世纪60年代之前的南部非洲。这不是一个关于非洲妇女“婚姻和性”的猎奇故事，而是“一名昆族女子的生活与心声”。这个故事中的两位主角，都早已离去。她们留给我们的，是这个地球一角真实发生过的一种生活方式。奉行这些生活方式的人们，与我们有着一样的基因；同样与我们共享着她们的幸运与不幸，悲伤与快乐。

2. 闺女·媳妇·婆婆*

华北的婚礼

2010 年 8 月，我在湘西的田野调查刚告一个段落，就搭上了长沙到北京夕发朝至的火车。我知道第二天上午，在北京东部通州有一场婚礼等待我去参加。新郎和新娘都是我本科时代的好友，届时我将把散发着汗味的 T 恤、短裤塞进背囊，刮净半月人

* 本文为李霞所著《娘家与婆家——华北农村妇女的生活空间和后台权力》一书评论，原文发表于《南方都市报·阅读周刊》(2010 年 12 月 19 日刊)。

类学田野调查中长出的拉碴胡子，换上朋友为我准备好的西服，以伴郎的身份，见证一场华北平原上举行的婚礼。即将出现在我面前的，就是一位“华北”的媳妇与她的新郎，当然，还有围绕这个未来小家庭层层排开的，包括公公婆婆、岳父岳母、兄弟姊妹、舅家姥家在内的，这些由血缘和亲属关系组成的社会共同体。

在我最初接到好友的消息，准备订购从长沙到北京的车票时，我遇到第一个“文化差异”：人生中最重要的婚礼将在中午举行。我必须在前一天晚上抵达北京，才能确保出席，而不能根据我在华东的经验，以为隆重的婚礼，都会如字面（婚）所示，在“黄昏”后开始。我被告知，华北的婚礼都在中午进行——因为夜晚办酒是留给“二婚”的。

当我清晨睁开双眼时，多山的南方已经留给昨夜，出现在我面前的是由开阔田野、宽敞道路，以及笔挺的桦树、杨树、槐树组成的华北平原，当然还有夏日里铁路两旁各种绿色的农田，以及各种在车窗外一晃而过的北方市镇、村落、农家大院。这是我眼中的华北映像，我不知道从 2000 年起就开始为《娘家与婆家——华北农村妇女的生活空间和后台权力》（以下简称《娘家与婆家》）一书做田野准备工作的作者，在进入位于华北平原东部鲁西南平原上的村庄时，又是怎样的情景与感受，不过我们有机会从她的笔下阅读张村妇女的“人生周期”。

离开娘家之前

虽然相识六年，新娘在新郎家也早已不是外人，但由于新娘家不在本地，第二天上午举行的迎亲活动，在离新郎家不远的一家宾馆举行。由男性组成的新郎傧相用红包和蛮力骗开了象征闺房的卧房大门。围绕着新娘的“姐妹”们拿到红包也不忘捉弄新郎，在一片喜乐的气氛中，新郎和朋友经过许多暗示终于找到了被姐妹们藏起来的水晶高跟鞋。为新娘套上鞋并再度演绎求爱情景后，新郎牵着新娘来到隔壁象征娘家的宾馆客厅，那里坐着新娘的母亲和舅舅（父亲在年前去世）。得到新娘（父）母、舅舅及近亲的祝福后，男女宾客要求新郎抱起新娘，脚不离地地离开“娘家”下楼。电梯关门，心疼的新娘赶紧让新郎放下，而关上的电梯门似乎也表示新娘在一定意义上“永远”离开了娘家。

对于《娘家与婆家》中的新媳妇，其走过的也未尝不是这样一条道路。通往婚姻的道路上，并不总是一帆风顺。生活中的每个人，都来自家庭，而家庭又属于背后的“小社会”，而小社会同时也是庞大社会背景的一个有机组成。当一个女孩从呱呱坠地开始，就成了家庭乃至社会的一部分，她在家里孩子中的排行，来到人世的先后顺序，家庭现有的人口结构，以及家庭的经济 / 社会状况，都决定了她包括婚姻在内一生的方向。

“十个黄花女，不如一个癞巴儿”，仍是农村女性地位的缩影。尽管如此，作为家庭第一个孩子，无论男女都受到欢迎，而第二个孩子的性别才是男孩父母关心的。初生的闺女在自己的家里度过最初的岁月，然后就开始体会到与兄弟不同的“性别角色”与“性别分工”。通常在学校里度过青春期最初的时光后，“懂事”回家，通过“拉呱”，学着“为人”“为闺女”，这是大多数女孩子学习今后处理人际关系的最初一课。随着岁月的增长，长到十八九岁的姑娘，开始要经历“说亲与见面”的阶段，成为“挑媳妇”和“找婆家”的主角。

待嫁的日子

拿着花束，穿着整齐，我站在婚宴大厅门边，当背景音乐达到最高潮时，我拉开大门，新郎站在门内，牵起门外等候许久（因为主持人废话太多）的新娘，将她领入大厅，走过铺着红地毯的花廊。“结束爱情长跑”，这是啰唆的司仪说得最简明清晰的一句话。

“神了，这是我三天里第四次在路上见到这个姑娘了。”“我晚上琢磨着路上能遇见她，真给我遇上了。”我还记得六年前新郎几乎每晚都要说起的话题；我参与了他们的初次见面，充当过信使，传递过礼物，安慰过两人三年学业的分离之苦，一次次鸿雁传书，以及当天中午的婚礼，结束一个生活阶段，开始一段新的人生。

《娘家与婆家》中鲁西南张村中的姑娘和小伙或许就没有那么浪漫的邂逅，但他们同样有属于自己的罗曼蒂克。“定亲”之后的往来，成为“待嫁的日子”，从定亲到结婚相隔的时间是两年左右，“这期间，双方家庭就开始作为亲戚走动了……男子在每年的春节和中秋节的时候要带上不菲的礼物去未来的丈人家拜年拜节……在已确定大致的婚期之后，男子会时不时来女方家帮帮忙，带女子到县城去玩一圈之类。这种密切的交往会增进姑娘对未来丈夫的亲近感”。

经过定亲两年后，在办理结婚手续之前一段时期，双方家庭之间关于礼物与嫁妆的谈判也悄然登场。姑娘在这样的谈判中往往扮演了“推动者和协调者”的角色，并顾及了自己在双方家庭中的角色，成功地为自己将来的小家庭争取到了更多的资源。随着婚前“浪漫”历程的结束，接着就到了每个女人一生最重要的仪式时刻：婚礼。

变为“婆家人”

新郎与新娘互换了戒指，主持人的调侃，观众的掌声和笑声，融入这个时刻。换了便装礼服再次出场的时候，我手中的花束换成了酒瓶——里面被纯净水调包的白酒瓶——负责新人敬酒时酒杯不空。因为，接下来新郎新娘要开始给在场的宾客们敬酒了（也让家里亲眷见见这未来的“小两口”），虽然来者都是客，但参加婚礼的人们还是按照不同的亲属关系、亲疏远近分入不同的桌子，娘家人、婆家人；大舅、二姨、远房表亲；同学、同事、发小、领导。无论对于新娘还是新郎而言，这也是他们首次有机会如此完整地见识到，以他们本身为中心组成的庞大亲属 / 社会体系。

一杯杯的纯净水，与一杯杯饮料、茶水、酒水觥筹交错，伴随着亲友们的祝福，一个个厚度不同的红包也由来宾传递到新人手里，并塞入伴娘的小提包里。通过这些红色小纸袋（的内容），这些宾客也再次强化了他们与这对新人的社会（血缘）纽带。对于新人而言，他们要过的不仅是“两人世界”了。

经过序曲、迎娶、婚宴和尾声后，张村的新人们也要经过这一系列过渡仪式，“新人的身份转换”也“从未婚状态进入已婚状态，从未成年人到成人……伴随一系列亲属角色的变化（从闺女转为媳妇，从小子转为丈夫）”，与新郎相比，新娘要经历的则是更多的转变，“生活空间上从娘家到婆家的转变；身份归属方面的转变，即由‘娘家人’变为‘婆家人’”。而婚礼的重要作用，就是通过仪式“演示这种转换的完成过程”。

不过这种过程也是连续而渐变的。婚后两三年的适应期内，新媳妇的归属感更多地停留在娘家。“所谓‘娶三年不知道是家’是很多媳妇在这段时期的共同感受”，“小媳妇这种出于情感需要的频繁回娘家，婆家乃至整个社会舆论是默许甚至赞同的……在解释这一现象时，让你们会诉诸同情——‘都那样，都打那时候过来的’”。

从“小媳妇”到“老娘们”

亲友们渐渐离席，折腾了一上午的新郎、新娘，还有伴娘与我，终于能歇下来踏实吃上一口饭了。现在留下来围成一两桌的就是他们未来家庭的核心成员，还有我们这些专程赶来的同学和发小——尽管没有南方晚间喜酒后直接“闹洞房”的热闹，但我们都还等着去他们的“新家”坐坐。把伴娘送走后，我们坐车去了“新家”。虽然这不是我第一次到新郎家做客，但稍做修饰的新家，已经充满喜庆和温馨。门口贴着“囍”字，原先与新郎同住的父母，已经在同一个小区隔了几栋房子处买了小一点的新房，并提前搬了出去，原先的大屋现在就完全留给了这对新人。“分家”的过程已经早早在这个家庭里颇有默契地发生——开明的公婆选择了与小夫妻保持照应而不束缚的关系。

“在经历过作为过渡阶段的两三年两栖生活之后，小媳妇们生活中要面临两件大事，一是生育，一是分家。在这个过程中，小媳妇们自己的‘生活家庭’开始建立起来”。嫁入张村的女人们也开始了自己婚后的事业。有了孩子之后，女性渐渐在婆家有了自己的牵挂，娘家不再是她最留恋的地方了，与此同时，随着公婆的衰老和弱势，女人在“小家庭”中的地位也开始提高，“新主妇们开始经营起自己的生活家庭的亲属关系网络了”。

从“小媳妇”开始，还有许多角色在等着她们。当一个媳妇发觉她在丈夫村里认识的人比在娘家庄上认识的人还要多的时候，当她已经在街坊聊天圈子里不管对男人还是女人开些“没正经”的玩笑时，当她开始为在上学和已“下学”的孩子考虑将来的时候，她会发现自己开始被村里人称为“老娘们”了。再往后，“孩子已经结婚而且有了孙子女或外孙子女是妇女进入‘老妈子’阶段的重要标志。从年龄上说，一般 55 岁以上的妇女开始被划入这个阶段”。再往后，做一个德高望重、儿孙绕膝的婆婆，那是留给“耳顺”之年的选择了。

掩上《娘家与婆家》，我仿佛看到的是一个女人一生的轨迹，而这些轨迹串起的则是她一辈子牵挂的两个“家”。在北京暑热的傍晚，我又登上返回田野的列车，祝福我的朋友和刚成为他太太的新婚妻子，从原来的“家”进入自己的“家”，一起走入人生的下一个阶段。

3. 你若有情，便是女神；你若无情，便是剩女*

在一幅流传甚广的漫画中，“一个戴着厚镜片眼镜（显示她受过大学教育）的年轻女子，从城堡高高的围墙后向外窥视。她的上方写着：‘为什么我的白马王子还没有骑着骏马出现？我要是再等下去，白雪公主都要变成老巫婆了！’她身处的塔上刻了三组黑体字：‘高学历、高职位、高收入’。漫画的底端画了一堆模糊的人脸，代表中国过剩的数百万男性”。

《中国剩女——性别歧视与财富分配不均的权力游戏》（以下简称《中国剩女》）的作者洪理达借用一幅漫画描绘了自 2007 年登上

* 本文为洪理达所著《中国剩女——性别歧视与财富分配不均的权力游戏》一书评论，原文发表于《南都周刊》（2016 年 6 月 16 日刊）。

媒体标题以来，就备受争议的词语：剩女。几乎没有人知道这个不怀好意的概念是如何被制造出来的。贴上“剩女”标签的女性及其家庭，就像被施加了巫术一样，感到身心上不自在。似乎只有立即展开不倦的相亲，用“已婚”状态甩掉剩女的帽子，才能摆脱这个巫术的骚扰。

洪理达并不信邪，决心破除这个巫术的魔力。她认为这个“剩女魔咒”只是为蛊惑女性放弃自己应得的权益，被建构出来的概念。女性为了迅速撕掉“剩女”的铭牌，不得不在没有感情基础的相亲活动中匆匆走入婚姻。或者为了迅速实现婚姻的目的，放弃在婚姻双方共有产权房本上的署名。总之，在“剩女”这个魔咒的肆虐下，原本具有独立经济权力、追求自由生活的“白雪公主”纷纷中招，失去了自己更好的生活选择，真的变成了“老巫婆”。

《中国剩女》的作者坚信，剩女并不存在——没有一个女性是剩女，这只是男权社会发明出来，强加在女性身上的又一道枷锁。如何打破这道枷锁的方案倒不太多，作者只是提到通过网络社交媒体上的发言，为女性的生活和经济独立争取更多的理解。换句话说,《中国剩女》的作者意识到了“剩女”观念的荒诞性，但要破除这个有些棘手的难题，还有些无从下手。

其实，解铃还须系铃人，要打破剩女魔咒，不能仅仅批判这个魔咒对女性的污名化伤害，还需要还原到“剩女”本身，弄清到底是谁建构了“剩女”的概念。回到开头那幅漫画，成为“剩女”的充分必要条件中，居然是“高学历、高职位、高收入”这三个特征。如果一个女性仅仅因为大龄未婚而被称作“大龄未婚”，这只是一种事实陈述，但是当这个事实被归咎于学历、职位和收入这些额外的条件时，就显得非常可疑。

有一种称为“受害者心态”的心理学观点可以帮我们解开疑点。小时候，如果考得不好，我们有两种心理应对机制。①承认自己贪玩没学好，考得差——责任在自己。②认为老师教得不好，或者题目出得太难——责任在老师。第二种心态就是“受害者心态”。我们成长以后，这两种机制仍在发挥作用。利用受害者心态，可以帮助我们把遭遇不幸时的困境归咎为他人或客观因素，从而免去了自责，变得轻松。然而，这种心态的弊端也很明显，很容易麻痹自己，认不清真实问题所在。

答案似乎已经呼之欲出了。是谁建构了“剩女”？相对于“高学历、高职位、高收入”女性就是学历、职位、收入相对较低的男性。当代中国性别话语中非常重要的话题之一就是适婚男女的性别比。从宏观人口统计上讲，的确有相当一部分男性是“剩余”的。正如人们青春期知慕少艾时，总有自己倾慕的男神、女神。一旦无法获得优秀异性青睐时，具有自我保护功能的“受害者心态”就会发挥效用——认为异性眼光太高而不接受自己，总比承认自己资质平凡更容易平复心情。当这一部分男性进入寻觅配偶阶段，遇到自己心仪的“女神”无法接近时，“高学历、高职位、高收入”的女神，随即变成了其反面的“剩女”。

可以说“女神”和“剩女”只是男性在用“受害者心态”弥补自身失落时的一体两面。你若有情，便是女神；你若无情，便是剩女。由爱生恨，何其悲催。其中，唯一可怜的，只是玩弄这些文字游戏的爱“女神”而不可得的男性。

说白了，“剩女”根本不是女性自身需要担心的问题。借用洪理达的话说，剩女并不存在，这不过是略显自卑的“剩男”在两性关系中自惭形秽的投影——想到自己的单身孤独，而将责任投射、转移到异性身上的一种修辞。“高学历、高职位、高收入”不是白雪公主的错，在迪士尼动画中，公主早已不需要王子的搭救，她们也可以成为消灭邪恶、拯救世界的女王。

4. BJ 的胜利，妻子的胜利*

最近一部阔别多年的老电影《BJ 单身日记》再出第三部，距离这部电影的第一部早已过去 15 年之久，主演达西先生和齐薇格都已满脸皱纹。

剧中，大龄剩女、未婚怀孕，以及遭遇孕期辞工的困境，是这部玛丽苏影片的点缀，该剧是对当代社会女性在家庭关系中角色变化、地位提升的一次重要回顾与检验。

进入文明史以来，女性在家庭中的第一角色，便是妻子、太太。女性主义作家玛丽莲·亚龙在《太太的历史》中这样描述。女

---

* 本文为玛丽莲·亚龙所著《太太的历史》一书评论，原文发表于《南都周刊》（2017 年 4 月 2 日刊）。

性作为妻子的历史，或许也可以说是一部“不幸”的历史。可能除了遥不可及，没有文字记载的史前社会，从最初的古代世界的妻子到中世纪的欧洲妻子，女性都是作为男性的依附和所属财产，缺乏社会地位和财产权。比如,《圣经》指出，妻子只是丈夫的一根肋骨。除了极少数居于权力巅峰的女性，绝大多数只是家庭和丈夫的一部分。这种状况从中世纪一直延续到现代社会之前都没有特别大的改善。

恋爱中逐渐升温的感情，可以说完全是 20 世纪的产物。历史上“多数妻子大约只期待婚姻和谐。一个妻子履行婚姻‘交易的义务’，提供性、生养孩子、照顾孩子、煮饭、洒扫内外，如果住在乡间，还得照顾菜棚、蓄养家畜。这样的妻子如果得到丈夫的尊重，不被丈夫饱以老拳，大约就觉得自己很幸运了”。书中这样描写。

在传统世界中，妻子的地位始终位于家庭的第二等级。今天为我们广为诟病的某些国家中,“女性未经男性监护人陪同，不得擅自出行或出远门”的规定，在中世纪国家中更加普遍。对女性自主权利的偏见，不仅体现在生活行动方面，同样深入女性在财产继承和家庭管理的诸多领域。

根据亚龙的观察，女性地位的改变似乎来自新大陆的发现。只身前往新大陆淘金的男性发现自己身边没有合适的配偶，于是从欧洲移民前往新大陆的女性成为他们妻子的重要来源。即便如此，难以计数的光棍儿和数量有限的未婚女性之间仍然无法构成合理的比例。于是，为了鼓励女性前往新大陆西部，与那里先期到达的白人男性结为配偶，新的婚姻财产关系开始逐渐向女性倾斜。当时的婚姻财产法终于规定，前往西部地区的女性可以拥有 1/3 的财产权利，虽然比起男性远远不足，但是和过去历史上的女性相比，已经是从无到有的质的飞跃。

女性地位的真正扭转，则被归因于她们在经济活动中的重要贡献。像很多研究者已经揭示过的那样，女性权利的提升与世界大战有关。当越来越多的丈夫走上战场，妻子们也不再待在家中，她们更多地走上了工作岗位，以造船业为代表的制造业率先接纳女性工人，随着女性进入管理层，向她们开放的工作机会不再局限于服务业。更多妻子在照顾好孩子之余，也成为出色的劳动者，为家人挣得了不可或缺的经济支持。

虽然“二战”后丈夫们的退伍，对妻子外出工作造成一定冲击，但 1950 年代之后出现的经济繁荣，逐渐巩固了女性在家庭、生育、就业，以及财产方面与丈夫共享的平等权利。加上随之出现的性解放运动，都使女性以及妻子的地位，得到了相当的提升，甚至妻子或母亲，都可以不再是作为丈夫、父亲对应面而存在了。这一切，无疑构成了《BJ 单身日记》中，BJ 作为大龄单身女性直面社会阻碍、抱得达西先生归的基础。

不过,《太太的历史》也对女性地位的变化提出了一些重要思考。历史和现实证明，在经济发展的情况下（包括性别比例失调），女性的地位似乎都得到了较好的发展，这可能只是一些表面现象，因为在经济良好运转的情况下所有的社会问题能迎刃而解。

而当社会经济出现下滑运转不良时，女性地位、妇女的职业选择，才会受到真正的挑战。齐薇格这样一位大龄单身母亲还会继续拥有玛丽苏般的命运吗？她还能在职场继续游刃有余（不因为怀孕而被辞工），保持一位单亲妈妈的尊严吗？我们拭目以待，因为这才是对女性地位提高的真正考验。

5. 谁动了他们的乳房*

2008 年 1 月，一名 45 岁的美国退伍海军士兵不小心撞到了自己的胸部，感觉不太对劲。“我想一定是在打篮球时吃了拐子。”在妻子的督促下，他去医院挂号检查，却诊断出了第三期乳腺癌，癌细胞已经扩散到了淋巴组织。

过去十年，美国每年约有 20 万例乳腺癌病例确诊，4 万人因此去世。在世界范围内，每年确诊人数大约是 100 万例。乳腺癌早已成为威胁女性生命安全的一种重要疾病，现在也包括男性。古埃及的医生似乎已经熟悉这种疾病，文献也明确记载，法国皇帝路易

* 本文为弗洛伦斯·威廉姆斯所著《乳房：一段自然与非自然的历史》一书评论，原文发表于《南都周刊》（2017 年 6 月 2 日刊）。

十四的母亲因此而去世，但因历史上的人们平均寿命较低，还未来得及活到患病的岁数，生命就已凋零，加上癌症病因的复杂性，对乳腺癌病因的认识依旧有待探讨。

美国作家弗洛伦斯·威廉姆斯不是一位专职的女性生理研究者或医生，但她以满腹的热情和对女性的关爱，谱写了一部《乳房：一段自然与非自然的历史》（以下简称《乳房》）。敦促我们更多关心女性（及男性）这对最醒目器官的健康。

是什么原因导致了乳腺癌的发生？曾有很多因素被当作致病元凶，如乳房整形留下的填充物、雌激素水平、性成熟年龄、塑料代谢物、高脂肪的饮食，最近的发现则是家族遗传的基因，据说是头号元凶。然而，体香剂和钢圈胸罩，"一直都被怀疑是乳腺癌的成因，不过如今其罪名已被洗刷"，许多其他的因素也逐渐退出榜单。"比例高得惊人（90%）的乳腺癌妇女都没有乳腺癌家族病史，同样让人困惑的是，大部分有风险因素的妇女，就算身怀多种风险因素，依旧安然无恙从没有罹患乳腺癌。"

问题出在什么地方，为什么女性的乳腺问题如此难以破解？研究者发现，女性一生要经历许多特殊的生理阶段和状况。比如，过去的理论认为，有过怀孕以及哺乳经历的女性，会获得较高的荷尔蒙，能使她们免受乳腺癌的威胁。然而，20 世纪 80 年代后，医生们开始注意到，"近年曾怀孕的年轻妇女开始罹患乳腺癌"，这些妇女非但没有得到妊娠效应的庇护，反而因此加剧了病情。这个矛盾现象出现的原因和很多因素交织在一起，妇女青春期到来时的年龄、怀孕时的年龄、怀孕的次数，似乎都对乳腺癌科学模型的建立产生了不同程度的干扰。

2000 年代初，在那个 45 岁退伍海军被诊断出第三期乳腺癌之前，他所在的北卡罗来纳海军陆战队基地，不幸地被确认为"有史以来男性乳腺癌确诊的最大集群中心点”。有一个在基地出生的男孩在“18 岁时就做了双乳切除手术”，比那个退伍士兵更早地离开了人世。研究者调查了这名男孩的病史，他从小就在这座基地生活，当年他在基地所上的幼儿园是由基地设立的“混合杀虫剂的工厂设施改装来的”。

事实证明，该基地作为战略储备，曾存放了大量汽油，并作为军事车辆维修站，存放了许多工业氯化溶剂。长期以来，油桶破漏渗入地下，“造成了一个估计约有 4.5 米厚、800 米宽的汽油层”。其上方则是给 8000 名基地人员饮用的地下水井，当地饮用水中的苯含量是法定致癌限额的 76 倍。至本书出版时，该基地确诊的男性乳腺癌患者已经达到 71 人，且数字仍在增长。该数字远远没有包括女性患者的数量。

“每出现一百个乳腺癌女病患，才会出现一个男性罹患乳腺癌。但讽刺的是，解开这个疾病之谜的反而可能是这些男人。在研究乳腺癌和化学物的关联之时，研究男人比研究女人容易得多。男人患病的危险因子不会受到进入青春期的年龄、生育史，还有荷尔蒙辅助疗法等的影响，他们只是罹患罕见疾病的男人，而罕见疾病比较容易追踪造成它的环境因素。”

在男性病患身上找到女性乳腺癌的成因，这的确是一个巨大的讽刺。今天，受这些不幸污染事件的启发，已有越来越多的研究者开始从化学污染入手，继续探索乳腺癌的病因和防治手段。说实话，导致乳腺癌发生的关键因素尚未找到，治疗这一疾病的道路还很漫长。不过，在《乳房》一书中，人们看到了一线曙光。它让我们记得，男性乳腺癌患者曾为这一疾病的诊治做出了重要贡献。

6. 家政女工也有春天*

“那时出来啥也不知道，就觉得自己是保姆，那大姐跟我说：‘小高啊，你为我服务，我给你开工资，你给我付出了，就有回报，好好干。’我说：‘好，我记住了。’”——《村里最早的家政工》

口述史的魅力在于，用不着修饰的话语，呈现生活未经掩饰的质朴、真实。我读过不少口述史，有关于女工的，水库移民的，或者 NGO 从业者的。但从未有一本像《怒放的地丁花：家政工口述史》（以下简称《怒放的地丁花》）那样，让我觉得充实而有力。

书名中的地丁花，别名野堇菜，是一种不起眼，但顽强茂盛

* 本文为高欣编著《怒放的地丁花：家政工口述史》一书评论，原文发表于《南方都市报·阅读周刊》（2016 年 11 月 6 日刊）。

的野花，取自《怒放的地丁花》全书三个篇幅第一篇中提到的地丁花剧社。这是北京一个主要服务于家政女工的社区文艺表演队。家政女工利用工作之余的时间，将自己在生活、工作中遇到的故事排成戏剧，以表演的形式分享彼此的经历，相互鼓励，找到生活的意义。与此类似，全书另外两个篇幅分别来自西安和济南的家政女工，一共十六个故事，讲述了十六个中年妇女外出打工的初衷、经历和感受。她们在书中素面登场，用朴实无华而又富有感染力的语言，讲述自己的喜怒哀乐。

我一开始对这本书并不抱太高期望，家政女工并不是个新鲜的题目，保姆与主雇，护工与家属，这样的故事不仅电视节目中以喜剧、家庭伦理剧的形式演绎过多次，连菲佣在中国的事情也早已有了大本论文。那家政女工的生活又有什么特别之处?

当我翻开书看第一个故事《不愿成枣花》时，就被一种真实性散发出的吸引力牢牢抓住。一个“在老家没有活路”的农村妇女，以当年风靡一时的连续剧《篱笆女人和狗》中，在农村受尽折磨，最终顽强战胜命运的女性角色枣花自居。她在 1990 年代初离开家乡，前往北京。开始了她二十多年的家政服务工作。

回忆起当初刚开始干活的岁月，刘大姐自述道:“我出来为啥能坚持? 在人家干活儿，尽管被看不起，但人家不会公开骂你，这一点就比家里好十万八千倍。没人打我，没人骂我，我任劳任怨地干活，这就是最好的。”经过多年北京工作的经历，她再也不用担心雇主的轻视和克扣工资。更重要的是，她渐渐找到了自己的生活，她省吃俭用，从不高的工资中拿出不小的一部分来学习古筝:“所有的乐器里我最喜欢古筝。我找了一对一的老师，120 元一小时，每周日学习两个小时。可我现在做这家，他们回家晚，我都没时间练。”

从在家乡遭遇家暴的农村妇女，变成城市里一个有专业技能的“育婴师和营养师”，并开始了自己多年前就梦想的乐器学习。这篇口述史给我非常不一样的感觉。在口述的最后，她谈到了自己的养老问题，随着年岁增长，健康渐渐不如当年，她也开始规划未来。

当我以为这个中年家政女工的故事最后又回到潘毅《失语者的呼声——中国打工妹口述》中，因“过度劳累而失去劳动力”或“身心受创”那类悲伤的结局时，我发现《怒放的地丁花》中那些人们认为她们已远离黄金年华的妇女们，却散发着另一种魅力。“(我）想回老家做旅游”，刘大姐这样规划了自己的“退休”岁月。尽管政策和资金都还没有完全到位，但多年在外打工积累的自信，让她相信自己的选择：“村里好多人都说我想的简直是不可能的事。我说我们做旅游，当然不是一干就能成功的。……所以我想，回家想干啥就赶紧启动了干。”

刘大姐的口述给人莫大的鼓舞，但不可否认，踏上家政女工岗位的妇女们，家家都有本难念的经。有的丈夫去世，家庭里孩子上学；有的女工下岗，缺乏固定收入；还有的因为种种困难，甚至想过轻生。但共同点则是，这些妇女最终并没有怨天尤人，而是勇敢面对现实，成功掌握了自己的命运。依靠自己勤劳的双手，摆脱了当初最艰难的困境。

本文开头《村里最早的家政工》中那位高大姐，是济南下面乡村的妇女，年轻时意外地一只眼睛失明。最初在家缝纫裁剪，因为视力越来越糟，家中经济困难，才萌发了出去打工做家政的想法。凭着“你好好干，人家不会看不出来”的朴实想法，她在济南的踏实工作为她赢得了口碑和经验，也悟出了家政行业的一些门道。在同乡的怂恿下，她后来还开办了一家家政中介公司。

“如今，这个并不够正规的家政公司已经走过五六个年头，拥有几百位服务员。不久前，因为水电暖管道工的到位，她又增加了项业务。”从她最初离乡打工开始，就给自己安上一只义眼，她希望在家政工作中给人最好的一面。好强的个性，让她将丈夫、妹妹、妹夫、弟媳和小叔子全带进了家政行业。晚年的成功并没有让她忘记当年的艰辛，在担任老板的同时，她仍在承担一份普通的家政工作。

“咱也享受享受济南的生活！”是她在自述最后，唯一一次表达了对自己生活的满意。这或许因为出自一个操劳大半生的家政女工之口，而更显得难能可贵。

书中口述的十六个故事并没有离奇之处，有些遭遇家暴等种种不幸的叙述，只会让人倍感同情。然而，让人欣慰的是，一个不幸的开始，并不表示以不幸告终。她们中的大多数人，都通过家政工作找到了打开自己生活通路的钥匙。

岁数偏大，文化程度不高，缺乏足够的培训，过去也从没有动过出来打工的念头，这一切本来都是她们的劣势。没有工厂或其他技术岗位需要这样一群“错过”黄金年龄段的中年妇女。但生育经历、人生经验以及任劳任怨的性格，反而使这些有了一定岁数的妇女获得了自己的优势。不是所有人像高大姐一样幸运地拥有自己的家政公司，但每个依靠自己努力的妇女都获得了自信与经济上的自立。正如书中一位从事月嫂工作的阿姨所说，打工的经历让她更想离开北京或西安这样的大城市，去别处再看一看。

生活的悲剧，并不是生命的全部，苦难并不能代表一切，口述史也并不意味着用惨痛的经历唤醒人们直视生活之“恶”。没有理论探讨、没有刻意反思的《怒放的地丁花》，从某种意义上回归了口述史文本的初衷。呈现他人直面生活的勇气和信心，或许才是口述史最值得展现的朴实无华之美。

7. “灰姑娘”那穿越国界的赌博*

“她们的迁移，并不是推力（国内的贫困）与拉力（国外的财富）作用下的必然结果。促使她们决定到海外工作的是种种错综复杂的因素，包括经济压力、家庭失和、在家乡没有生活目标和选择权等。然而，我们也不能把女性移工单纯视为人口贩运的受害者，或是跨国人力中介的商品。她们透过能动性的施展，以及意义的改造，来对抗身处的结构限制。她们的海外旅程可以说是一场‘穿越国界的赌博’；为了满足个人欲望、实现自我改造，她们面对的风险与机会一样大。这些女人离乡工作，不仅为了赚取金钱报酬，她

* 本文为蓝佩嘉所著《跨国灰姑娘：当东南亚帮佣遇上台湾新富家庭》一书评论，原文发表于《南方都市报·阅读周刊》（2012年3月4日刊）。

们也想到海外探索自主空间、摆脱家庭束缚，以及寻求一张探访全球现代性的门票。”

2011年11月中旬，我读完这本台湾社会学家新鲜出炉的大陆版著作时，忍不住激动写了这么一句评论，“这是我差不多两年来看的最好的一本民族志”；和香港某位擅长研究女工阶层的人类学者的著作相比，非但不显雷同，反而有了更胜一筹的感觉。

看了我的评语，沪上一位同样关注工人阶层的高校女教师表示不解，稍微远离大陆学界视野的蓝佩嘉女士作品，如何引出我的此番评价。何况香港学者的研究早已深入许多内地青年学者的心中，成为民族志写作努力的标杆。于是，我把《跨国灰姑娘：当东南亚帮佣遇上台湾新富家庭》（以下简称《跨国灰姑娘》）翻到了特别夹了书签的一页，把我颇为欣赏的一段话指给她看。看了我在本文开头引用的那段话语后，那位女教师欣然点头：我明白你给出这一评判的原因了。

全球化时代的异文化遭遇

2009年的秋天，有个在幼儿园供职的朋友前来找我，她的一位菲律宾同事夫妇要在沪上租房，但与房屋中介沟通的过程中，希望能有人做翻译。在浦东一个地铁站的门口，我第一次在现实中遇到菲律宾人：在一家国际幼儿园做老师的汉娜、她从事外企口语教学的先生、和先生从事家政工作的姐姐。有些亚欧混血模样的汉娜、不开口便和华人毫无区别的丈夫，以及颇有南岛人特征的姐姐，出现在我的面前，让我突然找到了一些人类学家的感觉。

如果说这次遭遇算得上是我对全球政治—经济一体化地方版的初体验，那么对于《跨国灰姑娘》中的台湾居民来说，这种体验早在数十年前，亚洲经济蓬勃发展的“四小龙”时代就已深入他们的生活。

世界经济体系的当代格局促使资本流入成本最低地区，获取最高收益的同时，也将更多的廉价劳动力吸引到了资本汇聚之地。其中便包括了来自曾经“四小虎”——印度尼西亚、马来西亚、菲律宾、泰国——的跨国劳工们。当经济发展推动台湾社会阶层普遍向上流动的同时，也把那些在象征层面上位于社会下层的空间留给了外来劳工，而这些下层空间很大一部分就属于家庭劳动。

而保姆与主家的故事，如同“媳妇与婆婆”之间的经典对立，已经有了无数版本，而这次，究竟是刁难的主人遇上了倒霉的保姆，还是精明的保姆碰上了顽固的主家？这类陈词滥调，只是加入全球化的作料，变成一锅什锦料理？或者都不是？

“生产的全球化加速了国际贸易、金融的成长，并重新形塑‘新国际分工’的地景……这样的网络引发了东亚地区的两种跨国人力流动：第一种是来自西方核心国家的专业技术人员与经理阶层，他们穿着套装、提着公文包，在位处商业金融区、附有冷气空调的高楼大厦上班；第二种迁移流动则是低劳动成本的亚洲移工，他们的身影或出现在血汗工厂与建筑工地中，或从事倒垃圾及照顾小孩的工作，隐身在全球化城市的炫目外观之下。”

大多数对全球经济一体化持批评态度的左派评论家（大多数人类学家、社会学家属此列）往往乐于抨击全球化、市场化对传统社会、地方文化的冲击，这种愿望固然美好，但那些新近铺设的柏油公路，接通国际航线，已经源源不断地将“欠发达”地区的人口带到了蓬勃发展的新兴经济体，满足了经济发展各个层面的需求。在理论家们对“新自由主义”经济大张挞伐的同时，那些被资本流向吸引而来的人群却已经悄然无声地潜入“发达”地区。如《跨国灰姑娘》的作者所言，他（她）们固然受到“契约束缚、债务重担、地域规范等重重中介与约束”，可真正将他（她）们吸引而来的其实仍是基于个体主义的能动性。

会变身的灰姑娘

菲律宾朋友告诉我，他们可以接受4000元人民币以内的月租，换取不少于两室一厅的住房，而我需要在中介与房东之间为他们沟通。每当我将房东的条件用英语传达后，他们便用他加禄语相互交谈。不是嫌房租偏高，便是房屋空间促狭，走了三个街区，看了四五套房后，我也心生倦怠：要求还真多！

外来劳工究竟应该是怎样的？“每天傍晚的台北街头……人行道上等候垃圾车抵达的人群中，聚集在角落的‘与众不同’的一小群人，她们的肤色较深，使用多数台湾人听不懂的方言聊天……当地民众对她们的存在有着不同的反应，有些冷漠以待，有些人好奇探看，也有些人面露嫌恶神色。”

外来者是廉价劳动力、异域来客，是文化上的“他者”，是工作竞争者，她们可能分享不到社会福利、接受不到同工同酬的待遇，但他们本质上，都是作为个体的平等的人——无论是女佣还是体力劳动者。他（她）们不是笼而统之、千人一面的“菲佣”或“泰劳”，而是具体鲜活的个人，那么如何打破刻板印象的面具，将“聚集在角落的‘与众不同’的一小群肤色较深、语言不通”的社会隐形人还原成个性鲜明的个体，便是蓝佩嘉做的最大努力。

每个性格各异的跨国女工，会遇到她们脾性不同的雇主，有人与主家和睦无碍，有的被主家剥削却仍希望能以自己的实际行动感动主妇，而有的则彻底选择了逃跑。如果我们抹去她们标识出异国文化的姓名——何塞、玛利亚——换上任何一个熟悉的华人名字，这些基于人性本身的行为互动并无不同，只是多加入一些异文化的色彩与文化网络。

“某个周日，Luisa 的雇主很早就出门了，因此她没带衣服出来换，直接带着她的周日装扮（穿洋装、化妆，还挑染了几撮白发），大喇喇地走出雇主的公寓。她在电梯里遇到邻居，他惊讶地对 Luisa 上下打量。之后，整栋楼的邻居都在传述这项八卦，他们告诉 Luisa 的雇主：‘Luisa 出门时像个电影明星！她身上还擦香水！’”

雇主在聘雇市场代理者处理家务、照顾孩子与老人，捍卫自身道德化的妻子与母亲形象的同时，还要记得她们的女佣在午夜来临之际，也有可能变身“灰姑娘”。身为女佣的异国劳工复杂多样的生活在《跨国灰姑娘》中展现得丰富多彩：她们有可能成为女主人的倾诉对象；对孩子而言，比母亲更亲的亲人；主人家免费的外语老师；女主人在性别、权威上的竞争对手。更重要的是，她们还会参加外来劳工的聚会，提出权利方面的诉求，追求自己平等的权益，脱离了家庭这个狭小的环境，脱开了“女佣”这个去性别、去身份的角色，她们便成了芸芸众生中平等的一员。

“不像 Luisa 一样在雇主面前掩饰先前的背景，Trinada 反而有意识地展现她在法律上的中产阶级位置和生活方式。她以挑战雇主的英文以及拒绝他们对移工的负面评价来质疑雇主的权威。她抗拒毕恭毕敬的工作态度，并大声说出自己的意见以提升自己在雇主家里的地位，犹如她自己所说的，‘我不让他们看轻我’。”

如何分享现代化

经过了整个下午，走了好几个街区，我的菲律宾朋友还是没能找到心仪的住处，我们对对方都怀着歉意。最后，在地铁站附近的一家超市，他们请我们帮忙寻找一种越南进口的玻璃瓶装虾酱，据说这种虾酱调味的菜肴最接近菲律宾口味，只是他们一般很难搞清中国超市的分类。于是我们在一堆泰国的香料和印度的咖喱之中搜索越南虾酱，最后，从瓶装鱼露的缝隙间，我找到了这种写着拉丁字母越南文，画着大虾图案的“虾子酱”。菲律宾朋友表示无限感谢，说是以后还要邀请我参加聚会——虽然此后我再未见过他们。

走在上海的街头，行色匆匆的路人中有金发碧眼的欧洲裔人士，三五成群的非洲裔，也有不太容易辨认的各国亚裔。数量众多的非洲人群生活在广州，北京拥有庞大的韩国人社区，而上海刚成为外籍人士生活最多的城市。资本全球化的时代中，越来越多的人群离开自己的家乡，和资本的流向保持一致，流入他乡，从某种意义上讲，他们与那瓶“虾酱”走过一样的路线。

并非所有的外来移工，能获得相等的权利，“移工人权的现状，突显出经济的不平等、种族 / 族群的歧视，以及国际 / 公民身份的排他等三个面向的不公不义。这些议题，不只涉及移工个人的权益，也攸关台湾民主赖以茁壮的公民社会与公民文化的发展……要落实民主深化、人权立国等原则，必须正视非公民的外国住民——尤其是其中居于阶级与族群弱势的外国人——作为台湾社会的有机组成的一部分”。

今天，化身为“灰姑娘”的外来移工，只是经济高速发展，城市化、经济一体化浪潮上的一座浮标，支撑经济发展的，更多的是那些与“外来移工”一字之差的“外来工”。地域与文化差异造成的隔阂，仍在困扰社会发展进程中的国家，“多元共荣的‘地球村’只是表象或神话，除非，我们愿意正视渗透在日常生活中的权力关系，并且积极促成民主平等的政治行动与制度改革”。只有用“包容性的移民政策和自省性的文化态度，来打破国族中心的地域主义和社会歧视的隐形界线”，才能让经济发展的果实为所有人尽享。

第五编　文化多样性与全球化

人类学是一门世界主义的学科，我们不仅关心本文化的社会，也心系全球，努力成为沟通世界各种文明的文化阐释者。如果说语言的翻译是族群间相互理解的第一步，那么文化的翻译和阐释则是实现这一目标的最终手段。

人类学从来不会过时，人类文明并不因人造卫星覆盖了这个星球上的每一处丛林和岛屿，就变得毫无秘密可言。恰好相反，这种表面上的“一览无余”固然为我们提供了崭新的全球视角，但也掩盖了人类文化多样性的重要价值。

人类学关心文化多样性，不是为了捍卫传统，也不是反对现代化的进程，而是为在传统与当下之间开辟一条互通的道路，帮助传统文化融入全球化的进程。因为，传统文化并没有我们想象的那么脆弱，它会选择扬弃、变迁，进化为符合当下的崭新形态。而我们人类学家愿意在这一进程中，担当起翻译者与协调人的重要使命。

1. 就算在潘多拉星球，也要遵守过渡礼仪*

纳维人说每个人都出生两次

“纳维人说每个人都出生两次，第二次是你在族人中取得永久地位的时候”，当奥马地卡雅部落公主妮特丽用白色颜料，为人类的阿凡达战士杰克·萨利全身绘上图案时，杰克心中默念着这句话走入奥马地卡雅部落的议事厅。

---

* 本文为阿诺尔德·范热内普所著《过渡礼仪》一书评论，原文发表于《南方都市报·阅读周刊》（2011 年 3 月 13 日刊）。

“你现在是奥马地卡雅部落的新成员了，是我们族群的一部分”，酋长说完这句话将双手按在杰克的肩上，接着是公主，部落的女巫，地位较高的成员，所有成员，将手按在他的肩上，层层叠叠，如水波绽开——经过这个仪式，杰克在经历长达数月的艰难考验后，终于成为奥马地卡雅部落的一员。

不知杰克·萨利的扮演者，或是《阿凡达》的导演詹姆斯·卡梅隆是否想到过，这个仪式，有一个标准术语：“过渡礼仪”（Les Rites de Passage）。这个名称来自法语，它的发明者可以追溯到100多年前一位叫阿诺尔德·范热内普的法国学者，尽管他有一个荷兰语名字。实际上，这个术语就来自范热内普的同名著作《过渡礼仪》。

范热内普第一次出版这本书距今也已有101个年头了。译者张举文先生的“代译序”提到了一个很有趣的问题：“倘若一本小书在沉默了五十年后被译成世界上使用范围最广的语言，百年之后又被译成世界上使用人数最多的语言，这会是本什么样的书呢？”前者指的是1960年代出版了英译本，2010年末出版了中文本，这么漫长的跨度，一则说明这本书的影响深远，当今最著名的民俗学家阿兰·邓迪斯评价《过渡礼仪》：倘若建立民俗学家名誉榜，范热内普无疑居首位，因为“公平地说，民俗学分析著作对学术界所产生的影响，没有一部可超过这部经典研究”；二则“酒香也怕巷子深”，深到透过一个多世纪才能闻到香味，那么我们下面来看一下，这到底是本什么样的书呢？

过渡礼仪无处不在

“我的女儿，你要教他，像我们一样地说话和走路。……决定了，我的女儿会教给你我们的生活方式。……好好学，杰克·萨利，这样我们就能知道，你这朽木是否可雕了。”误打误撞进入奥马地卡雅部落的杰克，幸运地逃过一劫，反而获得了女巫给予的机会，让他学习当地部落的文化与生活方式，看他有没有与部落和谐相处的可能。就这样，杰克开启了他的“礼仪”之门。

我们生活中的礼仪/仪式，无处不在，“在任何社会中，个体生活都是从一年龄段到另一年龄段，从一种职业到另一种职业之过渡。凡对年龄和职业群体有明确分隔的社会，群体间过渡都伴有特别行为……此类行为皆辅以仪式”。

不仅如此，范热内普还指出，“从一群体到另一群体、从一社会地位到另一地位的过程被视为显示存在之必然内涵，因此每一个体的一生均由具有相似开头与结尾之一系列阶段所组成：诞生、社会成熟期、结婚、为人之父、上升到一个更高的社会阶层、职业专业化，以及死亡。其中每一件事都伴有仪式……”很显然，这些仪式的作用在于使“整个社会不受挫折或伤害”。

可以想象，神圣的过渡仪式使我们的生活充满了“合法性”，漫长的婚礼与仪式化的步骤，确保了通过仪式的新人之间，从不同而独立的两个人，合法地组成一体，获得了被认可的持久关系：他们的关系是有益而非“有害”社会的，这还影响由此诞下的孩子——经过仪式的“合法”婚姻生下享受各种权利的孩子，反之，没有经过仪式而来的孩子，则要承受“私自生下”的文化偏见。

“过渡礼仪”不论长短，不仅赋予神圣性，还能标志人生的阶段，怀孕与分娩、诞生与童年、成人仪式、订婚与结婚、丧葬等等，都充满了仪式，并靠仪式来划分——甚至可以说，只要是仪式就有过渡的作用，只要是过渡就离不开仪式。

比如“进入新家庭而解除与先前氏族和家庭关系之聚合礼仪”，这种以收养过程为代表的礼仪中，“氏族所有人都聚在一起，男孩父母说，因邪恶行为，你曾为犬子，而此时，因善良行为，你是某某之子”，在这个过程之后，对男孩的严酷考验就将开始，于是，“杰克·萨利，这样我们就能知道，你这朽木是否可雕了！”

成为他们一员的最后一步

通过杰克的视频日记，我们得以了解他在接触纳维文化过程中接受的考验：学习行走，学骑六足马，“我们每天循着山径，找寻水坑的迹象，捕捉着细微的气味和声音”，学习在树林间跳跃、攀爬。最重要的课程，是学会驾驭伊卡蓝翼兽。不管多么艰难，只有一步一步实践，才能“通过”仪式。

“我得完成这件事，就差一件事。仪式！成为他们一员的最后一步。如果有了仪式，我就是其中一员了”，当公司部队指挥官让杰克离开潘多拉星返回地球时，杰克别无所请，唯愿让他留下做最后，也是最重要的一件事。

所有仪式/礼仪中，最重要也最复杂，最具有戏剧性的就是“成人仪式”：“经过身体切割的个体，通过分隔仪式与普通人隔离（这正是切割、穿刺等行为背后之本意），并自动将其聚合入某已界定之群体”。这是世界各地许多文化中有关成人仪式的“割礼”。而对于大多数部落社会来说，要想加入成人世界的年轻人，将被“视为已经死去，直至度过此阶段”，“他可以遵行积极教导：学会遵守部落规定、目睹并学会图腾仪式、背诵神话等。最后的行为是一次宗教仪式，其高潮是因部落而异的肢解行为（如拔掉一颗牙齿、切割阴茎包皮），使新员永远与成人相同。”

对于杰克来说，体验了所有的考验和课程，学会了所有“部落规定、图腾仪式”，最期待的当然就是最后的仪式，只有这样，他才有资格成为奥马地卡雅部落的真正一员。范热内普的研究启发了至少两位人类学家，维克多·特纳和玛丽·道格拉斯，后者因此写作了《洁净与危险》一书，过渡礼仪划分了世俗与神圣的世界，使人们从仪式前的危险与不可接触，变成了以后洁净与可接受的人。

于是，在杰克完成“仪式”的当晚，他才有机会以一个正常、可接触的纳维人的身份与奥马地卡雅公主妮特丽，在灵魂树下共沐爱河——一方面，是因为杰克经历仪式之后，已经不再是个“外人”，成为一个“安全”的本族人；另一方面，仪式也给予了他在文化中的“成熟”身份。

范热内普先生的“过渡礼仪”

尽管成为奥马地卡雅部落的一员，但随着矿业公司的背弃，杰克又失去了他的纳维人身份，他不再被信任，不再被接触，他已经遭放逐。现在，为挽救一切，挽救纳维文化，挽救他爱的纳维人，他需要再进行一个仪式，一个加强版的神圣仪式。

当杰克骑着魅影“狮鹰翼兽”从天而降，缓缓滑下时，他已经不是人类制造的阿凡达战士，锅盖头士兵杰克·萨利了，他以“特鲁克骑士”（魅影骑士）的身份再次获得了纳维人的身份，从一个被放逐的叛徒，成为神圣战士，因为他通过了“狮鹰翼兽”的考验，再次完成了这个“过渡礼仪”，领导着纳维人的抗争——范热内普先生的理论再次拯救了男主角。

仪式的作用在于不断提醒社会成员，生活阶段一个个彼此更替，新陈代谢。“无论对个体或群体，生命本身意味着分隔与重合、改变形式与条件、死亡以及再生。其过程是发出动作、停止行动、等待、歇息、再重新以不同方式发出行动。”每个被过渡礼仪分隔的阶段，既是过去的重新开始，又是更进一步的发展，生命的过程“要不断逾越新阈限：季节、年月或昼夜之交；诞生、青春期、成熟期及老年之变；死亡与再生之转换”。

其实每个人的一生都在经历各种过渡，有些长，有些短。按照译者给出的评论，尽管现在范热内普被视为结构主义的先锋、法国民族志学的创始人、法国民俗学大师，“其著作构筑了19世纪末的民俗学著作与当代民族志学著作之间的枢纽”，是欧洲民俗学研究最具代表性人物之一，然而，“范热内普学术思想和著作在他有生之年，即整个 20 世纪上半叶，在法国，乃至欧美学界始终处于‘边缘期’”。他唯一一次在大学教书的机会是在瑞士的纽沙特尔大学任民族学系主任，并改建了博物馆。

范热内普一生经整理出版的作品达 437 篇，而《过渡礼仪》（1909）无疑是他最重要的著作。可是，在涂尔干年鉴学派主导的法国学界，他始终处于边缘地位，该书出版后，直至 1960 年英文译本发表，几乎处于默默无闻的状态，而其真正重获应有的荣誉，要等到 20 世纪后半叶。如果仅从谋求学术界“职位”的角度来看，范热内普先生似乎一生都在经历他的“过渡礼仪”，然而正是这段漫长而艰辛的“过渡”塑造了他一生的学术成就，他所经受的考验，与克服考验所展现的毅力，对学术不倦的追求，无愧于自由的思想和“欧洲民俗学研究最具代表性人物之一”的称号。

某个时刻，他已乘着“狮鹰翼兽”从天而降，完成了神圣的“过渡礼仪”。

2. 厨房里也有人类学*

除夕夜，年夜饭，这顿年度大餐，到了最后的高潮，照例有海参、鲍鱼、鱼翅，忘记有没有燕窝了。邻桌的亲友特意一样样提醒刚上幼儿园的女儿，这不是普通海参，是极品刺参；这不是牛肉粉丝，是上汤鱼翅；这不是干贝淡菜，是几头鲍。尽管认真听讲，但我最后还是没有记住到底是三头还是四头的鲍鱼更加名贵。

我们生活在一种爱吃金丝燕或雨燕唾液、海洋棘皮和软体动物、鲨鱼鳍细丝状软骨，并引以为宝的文化中，自然很难理解英国剑桥大学社会人类学教授杰克·古迪笔下，西非加纳洛达基人和贡

---

* 本文为杰克·古迪所著《烹饪、菜肴与阶级——一项比较社会学研究》一书评论，原文发表于《南方都市报·阅读周刊》(2011 年 2 月 20 日刊)。

贾人的饮食与文化——以高粱、粟和番薯作为主食，“没有起始第一道菜，没有最后一道水果；没有开胃菜，没有甜点”，“尽管作料中有更多的鱼和野生肉类”——当然，洛达基人和贡贾人也不会理解，为什么世界上有人嗜吃黏黏的海洋生物或鲨鱼游泳、平衡的器官。

其实世界上绝大部分人会觉得，另外那些人吃的是一些不可思议的食物。我们的东邻爱吃“泡菜”，并围绕这种经过腌制加工的食物，发展出一套具有鲜明特征的“泡菜”文化。我们更东面一些隔海相望的邻居，偏好将各种鱼肉切片，蘸上富含异硫氰酸盐的芥末酱生食。在欧亚大陆的另一边，有些文化忌食牛肉，有些忌食猪肉，还有一些则偏好牛肉，并弃食各种动物内脏，更极端的那些禁食各种动物产品，只吃植物。

尽管，杰克·古迪教授没有直接回答，有些人为何爱吃海洋生物，或是泡菜的原因，但他在《烹饪、菜肴与阶级——一项比较社会学研究》(以下简称《烹饪、菜肴与阶级》)一书中想要告诉我们的是：我们吃的不是食物，吃的是另一些东西。

给不同阶层的人吃不同的东西

有人研究过鲍鱼、海参和鸡蛋的营养含量：在能量供应方面鸡蛋是鲍鱼、海参的两倍，蛋白质和维生素方面三者持平，只在包括钙、硒这样的化学元素上，海洋产品略占上风。显然，从营养学和经济学的角度看，鸡蛋的性价比更高，何况，鱼翅这类海产品的重金属含量也日益增长（70%的鱼翅汞含量超标，摄入过量的汞，会对人体带来极大伤害，尤其是影响胎儿大脑和神经细胞生成）。可实际情况是，以中国为主的鱼翅贸易，每年都在增长。

那么，人们为什么会选择这些营养与价格明显不成比例的食物，并大为推崇呢？而另一些社会，如古迪教授所见，无论是无国家社会洛达基人，还是建立国家的贡贾人都“没有饕餮大餐，没有奢华美宴，没有很多道菜”。作者给出了一条线索：一种菜肴的性质显然与食物生产和分配的特定体系有关；一种真正分化的菜肴，是一个在文化和政治方面存在分层的社会的标志。这些有着“文化和政治分层”的社会，就是广泛分布在亚洲和欧洲古代和今天的大量社会。这些社会的烹饪文化具有一个显著特色，这就是“它们与形成等级的人物联系在一起”；这种分化的极端形式表现为，“为特定角色、职务或阶级进行的特定食物分配，天鹅献给英格兰皇室，蜂蜜酒献给埃塞俄比亚的贵族”。

一言以蔽之，从古至今逐渐形成的阶级社会，发明了一套划分等级的文化制度，对应在食物与烹饪上，就是：给不同阶层的人吃不同的东西。当然，英格兰皇室之所以享有吃天鹅的地位，而不是牛杂或香肠；中国的“山水八珍”从不包括豆腐或腊肉，是因为这种“烹饪区分的文化……与一种特定的等级制联系在一起……在中国菜肴中清晰可见，中国菜肴或许是所有菜肴中最复杂的一种”。与此同时“较高级的菜肴都必然从‘外部地区’获取原料”。

现在我们或许能从古迪先生那里逐步了解，我们吃的可能不单是卡路里或蛋白质。

食物与道德哲学

每次把蘸着芥末的生鱼片送入口中，我都紧皱眉头，强忍泪水。与其说在享受进食的快乐，不如说承受着在填充饕餮欲壑时付出的代价。20 世纪 80 年代陆文夫著名小说《美食家》就讲述了一个一生追求美食的老饕，而他的命运也跟着食物（菜肴）在政治话语中隐喻的道德意味与阶级属性，起伏不定，忽上忽下。他的一生都为自己对菜肴和美味的追求，付出了沉重的代价。幸运的是，在小说的结尾，随着食物与政治的联系渐渐淡化，“美食家”的理想也终于能和他的称号一样名副其实了。

同样，通过对古代亚洲饮食的考察，古迪先生也发现“对丰盛食物的克制，有一种道德考量。……社会地位和阶级间的等级制采取了一种烹调形式；它暗含和产生的冲突与张力体现在对奢侈的愤恨之中……鼓励克制‘高级的生活’，支持‘好的生活’”。这体现在孟子的观点中，他“对奢华生活的痛恨，采取了更为积极的评价形式，重视禁欲主义给个人带来的好处是‘养心莫善于寡欲’”。食物的道德力量，也同样存在于印度哲学，甚至和甘地所倡导的禁欲信条是一致的。这在一定程度上，可以解释那些禁止“杀生、食肉”的宗教行为——不但“丰盛的食物”意味着道德的放纵，连“食肉”本身也成为高尚意志动摇的表现。那么，在这样一种道德哲学下，人们吃的就不仅是食物，他们大快朵颐据说还有自己的“道德信念”和阶级立场。

“我们在欧亚大陆的每一种主要文化中发现的是一种有关菜肴的冲突，而冲突的主题正是菜肴能否体现阶级性”，《烹饪、菜肴与阶级》还指出“和平日一样，在宴会上，等级上的差异通过食物和服务方面的差异得到了强调。高桌上的客人总是最先得到服务。……肉类的较差部分端给坐在餐桌较低端的人；内脏，鹿的‘大腿’或‘内脏’只给较低等级的人”。

于是，我们可以发现牛肉与内脏之间建立在营养学标准之外的阶级划分，同时也能理解陆文夫的“美食家”被美食改变的一生。

吃下去的“文化”

其实，很多人类学家和食物爱好者都谈到过食物，西敏司写了本《吃》，告诉我们文化是如何为食物分类的；马文·哈里斯就写了本《好吃》，解释了我们吃什么与不吃什么的原因。西敏司又写了本《甜与权力》，讲述了爱上甜味的人们是如何被资本主义经济塑造出来的；美食作家科尔兰斯基就写了本《盐》，告诉我们关于氯化钠的文化史，他还写了本《鳕鱼》讲述了现代社会之前，盐是如何用于鳕鱼这种重要物资的腌制。

但他们谈得更多的是“现代之前”或传统的社会，拜现代农业技术与化学工业，以及大型仓储式超市所赐，这些来自农业工业和物流产业的“现代”成就，在很大程度上为现代生活中的我们提供了一幅食物大量丰裕的景象。于是，《烹饪、菜肴与阶级》不忘提醒我们，烹饪、菜肴与社会、阶级还有世界的联系。

罐头食品、冷藏技术、机械化与运输、零售、新的管理体制，改变着食物与我们生活的关系，在全球化的“帮助”下，我们似乎能吃到更多来自“外部地区”的高级菜肴，人们之间通过食物划分而形成的阶级鸿沟与文化差异，貌似正被各种技术进步所弥合。工业革命改变我们生活方式的同时，也改变着我们的食物生产与消费模式，同样改变着我们的胃。我们在感谢现代生活，让我们不分阶级、等级、地位，随时都能品味“地球村”里各地大餐的时候，吃下去更多是锌铁罐头的味道，我们开始怀念食物中的“文化”。

有一位华裔人类学家在一篇题为《汉堡包和社会空间——北京的麦当劳消费》的文章里写到，麦当劳在北京出现后的几年里，许多涌现出来的中式连锁快餐，都打着“中国人吃中式快餐，体验中国文化”（大意）的旗号，我们在此刻吃下肚里的食物，似乎就都变成了我们的“文化”。

在该书最后一章中，古迪转引了西敏司的话：“一种食物的意义边界可能远远扩展出它产生或被利用的情境。”他没有回到最初引出的关于洛达基人和贡贾人的食物为何缺乏分化的问题。但他好像又明明回答了这个问题，“烹调一方面与生产紧密相关，在另一方面与阶级紧密相关”。我们吃下的是食物，又不全是，它们不仅是蛋白质、碳水化合物、油脂、动植物纤维、水分、各种香料、盐以及其他微量元素组成的丰盛美味，它们还是阶级、政治、象征符号、资本主义、现代工业和这些背后纷繁复杂的人类文化。

年夜饭的最后，我还是把浓汤熬成的鱼翅填到已经很撑的肚子里，尽管这有违我作为动物保护主义者的初衷，而且还可能给我带来额外的汞中毒风险，但是这好歹给了我在由食物/烹饪分化象征的阶级秩序中一次自我满足的文化尝试，毕竟，这对常患“拮据病”的人类学家来说是一年中仅有的一次体验。

3. 从咖喱想象印度*

我一直以为“咖喱”是一种植物，就和辣椒一样。印度人民像摘辣椒那样摘下咖喱，捣碎，煮成糊状，倒在各种食物上，就做成了印度特色的咖喱盖浇饭。在坚持这个想法那么多年后，我发现，咖喱居然不是一种植物。如此失望的应该不止我一个吧。

咖喱是“英国人用来描述一系列由印度炖肉和蔬菜浓汤组成的菜肴的术语”。它是“一种最异类的混合物，包括生姜、肉豆蔻、桂皮、丁香、小豆蔻、胡荽、辣胡椒、洋葱、姜黄，用杵和臼将其碾碎或碾为粉末，用酥油调成糊状……再加入炖制的小羊或禽类”。

---

* 本文为莉齐·克林汉姆所著《咖喱传奇：风味酱料与社会变迁》一书评论，原文发表于《南都周刊》（2016 年 4 月 18 日刊）。

剑桥大学历史学博士莉齐·克林汉姆的《咖喱传奇：风味酱料与社会变迁》从一本外科医生写的“医学建议”中引用了这个关于咖喱的定义。

好吧，我们不得不承认，咖喱就是这样一种由至少十样成分组成的“最异类的混合物”。正如一百个印度人就有一百种咖喱配方，这个“祖传秘方”只是其中之一，我们又能从这份神奇的配方中，读出怎样的“社会变迁”？

真相只有一个，答案全隐藏在配方本身之中。咖喱的原型是一种蒙古人喜欢的烤肉酱料。16 世纪初从阿富汗入侵印度的巴布尔皇帝，是伊斯兰化的蒙古人后裔，他建立的莫卧儿王朝除了名称外，还保留了蒙古人的口味，爱食乳酪和肉。一份莫卧儿王朝留下的食谱写道：“洋葱、大蒜、杏仁和香料被加入到凝乳中，使之成为一种可以挂在肉上的粘稠物。”我们现在去新疆餐厅吃饭，服务员还会拿来一碟酸奶酪作为蘸料，凭你口味自己蘸酱。在那份食谱中，属于草原风格的“凝乳”和肉，遇到了印度的“洋葱、大蒜、杏仁和香料”，莫卧儿宫廷的波斯厨师将用这份调配出来的黏稠物来腌肉，并烤出混合了中亚和南亚风格的烤肉。值得注意的是，这份咖喱配方还不适用于米饭，因为它的发明者是来到印度的蒙古人。

第二份咖喱配方和葡萄牙人有关。蒙古人统治印度不久，差不多前后脚，葡萄牙人绕过好望角也来到印度，并在印度西海岸的果阿建立了根据地。这时距离他们发现新大陆也不足几十年时间，他们从印度带走整船生姜、桂皮的同时，也带来了影响亚洲口味最深远的美洲作物——辣椒。“达·伽马初次踏上印度土地 30 年后，至少已有三种不同品种的辣椒植物在果阿周围生长。”与此同时，阿拉伯商人从非洲带来的罗望子也在果阿附近种植起来，这种作物没有像辣椒那么迅速地在亚洲流行，但他们以“酸角”的名字融入印度人的口味。一道果阿流行的名菜“咖喱肉”配方是这样的，“在碗中放入新鲜红辣椒、酒醋、罗望子、姜和大蒜，搅拌成糊状”。想象一下，最正宗的印度咖喱其实应该是酸辣味儿的。对这种口味做出贡献的分别是原产于美洲的辣椒和非洲的罗望子，以及将它们带到印度的葡萄牙和阿拉伯商人。

真正赋予我们熟知的咖喱之名的，是接着葡萄牙人登陆印度的英国人。他们把印度人那种“大量浇在煮熟的米饭上的……用牛油、印度干果的果肉……各种各样的香料，特别是小豆蔻和姜……还有香草、水果以及其他上千种调味品做成的”肉汤称作咖喱，这个称呼也是从葡萄牙人那里继承的南印度词语。事实上，英国人把印度各地所有带浓稠的沙司和汤汁的加香料的菜肴称作咖喱。

随着英国人统治印度的成功，他们也极大地增加了英国—印度食谱的种类。爱在餐前喝汤的英国人把浓稠的咖喱兑水，变成一道“咖喱汤”，“成为所有英国—印度晚宴和舞会上的必备菜肴”——这让我不由想起中国流行的“咖喱粉丝汤”的源头。“咖喱豆蔬鸡”是英国人改良的帕西菜，帕西人是移居古吉拉特的伊朗拜火教徒，这种菜的特点是放豆子，各种豆子。他们还开发出了咖喱粉、咖喱糊和咖喱酱，方便在全球化的时代实现跨国运输，满足那些和英国人一起前往斐济、南非、远东殖民的印度人的胃口。

已经没有人知道印度人是从何时开始，把那种用来腌肉的酱汁浇在米饭上一起食用了。

另一种可能是，印度人本来就有盖浇饭的习惯，不过每一种进入印度的新人都带来了他们的食材，并把这些新的食材逐渐添加到印度的咖喱浇头配方中。又随着人们的脚步前往世界各地，共同构造了一个想象的印度。

4. 一位不写印度的印度作家*

吉卜林是我最喜欢的英国作家，他写了很多关于南亚、东南亚的故事。给我留下印象最深的《基姆》是一部关于印度的小说。一个名叫基姆的印度流浪儿，父亲是驻印英军的爱尔兰士兵。基姆被一位扮作人类学家的英国情报官看上，让他混在牲口贩子当中传递情报。旅途中，他遇到一位来自印度的朝圣喇嘛，两人结伴同行，最后喇嘛找到了心中的河，基姆也成长为一个男子汉。

《基姆》的情节非常简单，带有19世纪那种简约、朴素的叙事之美。小说中的情节我在看过几年后还能大体回忆出来。以至

* 本文为阿米塔夫·高希所著《烟河》一书评论，原文发表于《南都周刊》（2017年2月16日刊）。

于我一直没想清楚，我为什么特别中意这本小说。许多年后，我对印度小说都充满好奇，希望能重新回到那个浪漫冒险组成的印度。直到我读到了印度作家阿米塔夫·高希的“鸦片战争”三部曲。

高希是当代印度颇有影响的作家，迄今共有三本作品被翻译成中文。除了“鸦片战争”的前两部《罂粟海》和《烟河》（三部曲的终章《烈火洪流》正在翻译待出版），还有一本单独的《在古老的土地上》。

三部曲分别铺陈了一艘名叫“朱鹭号”的印度大帆船，及船员在19世纪初的故事（第一部）。与“朱鹭号”有着千丝万缕联系的人们，前往中国广州从事鸦片贸易的旅途（第二部），以及在中英“鸦片战争”爆发过程中，印度士兵不为人知的经历（第三部）。

阖卷之后，我有些怅然，这位印度作家写的不全是印度。他的笔下人物众多，线索繁杂，让我摸不着头脑。和早年阅读吉卜林的轻松相比，我有些疑虑。我从一个印度的作品中，读到了鸦片战争，读到了和印度商人产生感情的疍家女，读到了中国和英国。然而印度呢？我在最近的一次会议上当面向高希提出了这个问题。

他没有正面回答。而是告诉我他收集写作材料时的经历。英国军队中有一半都由印度联队组成，却被中、英双方的记录所忽略。他们不仅参与了中国战事，还随着英军辗转世界各个战场。于是，他多次来到广州、厦门，甚至马来西亚，在那里发现了殖民主义话语之下的印度的身影，重拾了19世纪散落世界的印度碎片。最后，借助一位印度士兵留下的“义和团”战争时的回忆录，他“想象”了一个鸦片战争时的印度和中国。

这并没有解开我的困惑，这个碎片化的印度意义何在？我又翻开了《在古老的土地上》，一个印度人在埃及的故事。1970年代的埃及农村，村里的男人们热情高涨地前往伊拉克打工。两伊战争束缚了伊拉克的男性，让前来打工的埃及农民有机会获得现金和现代家电的体验。战争结束，退伍的士兵要求工作，驱逐了打工者，让他们带着失望和沮丧回到家乡。宗教、政治、经济交织在一起，埃及农村的家庭悲喜，给那位高希化身的印度观者留下了深刻的印象，因为这对身处分裂为印度、巴基斯坦和孟加拉国的南亚居民来说感同身受。

我还是没有看到吉卜林式的印度，但从这里开始，我终于看到了另一个印度。就像奈保尔笔下在非洲的印度，高希的世界由印度洋的两岸组成。西岸是埃及、伊拉克，东岸是中国和东南亚。和中国作家通常关注本土的视角不同，印度作家的世界中不仅有印度人，还有远方的人。随着殖民体系扩张，散落在世界的印度，才是那个真实的印度。

我重新打开了三部曲的第一部《罂粟海》。故事里有着众多人物，不仅有丈夫因鸦片烟瘾去世的寡妇，她被一个贱民从火葬殉葬中搭救，登上了前往毛里求斯谋生的海船。船上的大副，是一个自称白人的美国黑白混血儿，还有法国植物学家的女儿、穆斯林船员、亚美尼亚商人、广州“十三行”的帕西商人。这艘船上，有当过海盗的印度水手，有失去领地和名誉的落魄王公，还有一半中国血统的水手。

他们在中国尚未打开国门的19世纪，已经从印度启程，前往印度洋的两岸，仿佛吉卜林笔下的爱尔兰孤儿和喇嘛。人们在印度会聚，又从这里启程。或许这就是印度的魅力，从来没有依依不舍，故土难离，也从来没有合拢欢迎的双臂，对所有人。

终于，我发现，印度真的不只在南亚，印度在印度洋上，在所有迎来送往的人们心中。可以说，从高希这里，我比当年更能读懂吉卜林，也更理解了印度。

5. 重庆森林：人们忍不住好奇，又不敢走近*

我没去过香港，就更别提位于九龙尖沙咀的重庆大厦了。所以，我把王家卫的《重庆森林》找来看了一遍。《重庆森林》由两个片段组成，金城武和林青霞演一对素不相识的警察和毒贩，王菲和梁朝伟演一对在暗恋中水到渠成的打工女和巡警，我没看明白的第一段故事发生在重庆大厦里，我喜欢的第二段故事发生在大厦附近的兰桂坊。

第一段故事，林青霞让一群印度人伪装成返乡的跨国商人，拖着大大小小的拉杆箱走进机场。箱子里装满了毛绒玩偶，玩偶肚子里

---

* 本文为麦高登所著《重庆大厦：世界中心的边缘地带》一书评论，原文发表于《南都周刊》（2016 年 1 月 16 日刊）。

藏着毒品，这些印度人就是在重庆大厦里找来填充和贩运毒品的。印度人在机场带着货物甩单，林青霞返回大厦，把印度人扫射一遍。在印度人的追赶下，林青霞花了整个晚上才逃出来，最后和金城武共度一宿。

重庆大厦是否真是这样一个充满危险、黑暗的神秘地方？我是在看香港中文大学麦高登教授的《重庆大厦：世界中心的边缘地带》时想到王家卫的电影的。这是一座位于中国香港的公寓大厦，“是一栋七十层高的破旧大楼，内有大大小小的廉价旅店和商铺，与周边的旅游旺区形成鲜明对比”。真正令其蜚声海外的原因，是其中住满了南亚或非洲的居民，“每晚大约有4000人”留宿于此。作者自负地表示，“在不同旅馆邂逅了129个不同国籍的人，从阿根廷到津巴布韦，包括不丹、伊拉克、牙买加、卢森堡、马达加斯加，甚至马尔代夫的人。”他们来这座大厦的目的是什么，作者告诉我们“南亚和撒哈拉以南的生意人及临时工来此淘金，也有国际避难者来此寻求庇护，游客则来找廉价住宿和探险”。

大量聚集的非华人人口，加上他们住在这里扫货、加工、逗留，所以附近又开出了许多符合南亚或非洲口味的餐饮娱乐，这些日流量巨大的非本地人口和风味，无疑增加了此地独特的魅力，也让“重庆大厦”成为登上著名旅行手册《孤独星球》的神奇秘境。可以说，一如“森林”暗示的神秘意象，重庆大厦之所以成为王家卫电影中充满魔力的都市景观的原因，就是在一整块华人世界的角落里，突然出现了一个非华人的“独立天地”，就好像散落世界各地的唐人街，或者伊斯兰社区一样。人们忍不住好奇，又不敢走近，只想要在这块“飞地”门口窥个究竟，尤其对华人来说，“那些肤色黝黑的外国人正在做着什么犯罪的勾当？”这一想法无愧于现代都市之下向往黑暗的好奇心。毫无疑问，每一个对异文化的想象，都投射着这类将“他者”视作危险和刺激之源的意象。

然而，尽管居住着来自世界各国的客人，甚至政治避难者，也不乏色情业工作者和吸毒者，但麦高登先生只是用人类学家惯常的“祛魅”方式，以调侃而带着一丝狡黠的口吻告诉我们：大厦里并没有持枪的印度毒贩，有的只是贩卖各种廉价中国货的第三世界商贩，以前主要是贩卖服装，现在基本是手机。

那些在我们看来并不富裕的亚非商贩们，只是在家乡筹了一笔钱，来香港碰碰运气，买一批便宜的中国产品，希望回家一卖而空，赚个翻番。他们既没有从事危险行业，也没有试图犯罪，更像中国工业产品的跨国搬运工。

至于为什么是重庆大厦？麦先生给了三个答案，第一，这座大厦价格低廉；第二，发展中国家居民能比较容易进入香港；第三，中国南方渐渐成为以制造业为主的重要地区。其实这三个答案可以融为一体，追溯到殖民时代的遗产。南亚的印度、巴基斯坦、尼泊尔等国居民曾经是英国殖民体系中不可或缺的一部分，借助为殖民政府服务的机会，这些南亚或非洲居民及其后代，就和香港建立了千丝万缕的联系。这些外来居民在重庆大厦的聚居，使该地渐渐变为一个不受地价、租金上涨影响的独立区域。最终成为那些前来华南寻觅商机的亚非拉商客的落脚点。

或许一切都太平常了，也太没有传奇色彩了。那个进出着印度人和非洲人的“黑暗”大厦居然一点神秘也没有？！这太让人失望了。许多年后，充满想象的人们潜意识里恐怕还很难接受这个事实。

不过对于我，《重庆森林》应该不是那个戴着墨镜扫射印度人，不是吃着快过期凤梨罐头的林青霞和金城武，而是那个一头短发在大厦快餐店里，听着“California Dreaming”卖“主厨沙拉”的王菲和梁朝伟。

6. 日本人的切腹和吃稻谷*

日本民俗学创始人柳田国男曾经对“何谓日本”这一问题，只做出两点归纳：“岛国”及“种稻”。除此之外，我们还能说出日本的许多特点，比如集体荣誉感，比如武士道，但有一点，我一直没想通，日本武士在战败捍卫尊严时，为何要“切腹”？——同样是自尽，他们为什么不选择自刎。

这个问题看起来有些多余，谁会在意是切腹还是割喉呢？但别说，还真有人关心这个问题。美国日裔人类学家大贯惠美子有一本书，叫作《作为自我的稻米：日本人穿越时间的身份认同》，从某

---

* 本文为大贯惠美子所著《作为自我的稻米：日本人穿越时间的身份认同》一书评论，原文发表于《南都周刊》（2015 年 11 月 1 日刊）。

种程度上解开了我的这个困惑。当然，从名称上看，这本书的重点不是说切腹的，而是说吃稻谷。

环视亚洲，莫不食用稻米，以小麦为原料的各类面食，毫无疑问皆是西亚输入的舶来品。关于水稻的起源究竟是东亚、东南亚，还是南亚，尚无定论，中国在稻作起源的考古证据方面暂时领先，但水稻（大米）是亚洲的原生作物则是没有争议的。既然作为亚洲的主要粮食作物，而日本人的祖先又是从东亚大陆迁居海岛的，那么，日本人爱吃稻米，就不是什么稀奇的事情。

有意思的是，在日本人心中，稻谷非同寻常。因为稻谷是有“稻魂”的，而且稻魂不像一般动物、植物的灵魂，它和人的灵魂本质上是一类。这种稻魂有什么作用呢？作者举了一个日本皇室的例子，来说明稻魂的重要性。

一切可以追溯到一个名叫“大尝祭”的皇室仪式，这个仪式是在水稻丰收时由日本天皇主持的。它源自“尝新祭”，意思是品尝新米。天皇要吃新米的原因在于，天皇的“灵魂”经过一年时间，“在冬天膨胀春天萎缩”，灵魂容易离开人体，要得到补充，才能重获健康。采补灵魂的方法，共有两种。第一，要么直接采自他人，作者引用了一个非常有震撼力的观点，在历史上，日本天皇去世、新皇即位时，“新皇通常会咬已死天皇的尸体，以使后者的灵魂能够进入他的体内”。这让我不由地联想到包括巴布亚新几内亚在内，太平洋岛民在 20 世纪还流行的分享过世亲属尸体的习俗——为了让死者的灵魂在后代体内延续。

第二，相对没有那么惊人的方法，靠的就是食用稻谷来补充灵魂。天皇的“尝新祭”的本意，就是需要用稻谷中蕴含的“稻魂”充实自己的灵魂，所以这个仪式的重要性就可想而知了。而在日本人的观念中，灵魂并不位于脑袋或者心脏，而是在肚子里。在古史《日本书纪》中有一个各种食物起源的传说，据说保食神被杀死的时候，“各种食物从尸体内涌现出来，腹出米，眼出黍，肛门出麦豆”。而稻米起源的位置恰好就位于腹部——灵魂和胎儿的居所。

看到这里我恍然大悟，日本古代文化中非常实际地认为，稻谷之魂补充人体之魂的交换区正好就是具有消化功能的肠胃。“灵魂被认为居住在腹部，因此，著名的男性自杀文化，就是男人剖开腹部以释放他的灵魂。”怪不得，日本武士自尽时，以切腹最为庄严，其实背后是有这样一种信仰体系。切腹之后，生理上讲，是失血过多及外部感染而亡，心理上讲，则是灵魂的流失，离开身体散逸而去。

这样来看，这本书的题目就能说得圆满了——作为自我的稻米——因为稻米中的谷魂构成了人的灵魂，那么稻米就不同于其他的食物，稻米在日本人的心中地位神圣，不是其他，而是组成“自我”的一部分。

所以，延伸到现代日本社会来看稻米，来解读日本人观念中对西餐或面食的态度，就有了更深层的理解。日本人倒不是仅仅觉得西餐纯粹是外来事物、舶来品，口感不佳，不适合日本人口味，而是非常本质地认为，西餐里的确很少有“米”。没有米，就没有“稻魂”；没有“稻魂”，就无法给“自我”提供补充灵魂的力量。这种观念真是很有意思。

说到这里，我又想到中国稻米产区居民就餐时常挂在嘴边的话：吃饭的时候，吃再多菜、再多点心、面食，没吃上一碗米饭，就感觉是没吃饭、没吃饱。细想一下，这句话背后的含义深远。

7. 她为樱花辩护*

一年一度看樱花

不多久，一年一度樱花盛开的季节就要到来。樱花在中、日两国都是著名的观赏花卉，在日本尤盛。每当樱花即将盛开之际，日本各地都会在樱树种植的道路两旁，用醒目的指示标记在地上划分好场地，届时供市民赏花之用。由于公共资源有限，使用全

---

* 本文为大贯惠美子所著《神风特攻队、樱花与民族主义——日本历史上美学的军国主义化》一书评论，原文发表于《澎湃新闻·上海书评》（2017 年 2 月 27 日刊）。

凭先来后到，在那些著名的赏樱景点，花意最浓的枝头底下，往往可见卷着铺盖被褥、地垫睡袋一应俱全的“占位者”。他们或者是家族、好友轮流，或是由企业、社团委派，从樱花含苞开始就来站岗，只为花朵绽放的那几天，能和家人、好友、同事，在落英缤纷之中，和满街席地的赏花人们一道，享受清酒美食，与自然融为一体。

然而，就是日本诗人本居宣长所吟咏的“如果问什么是宝岛的大和心？那就是旭日中飘香的山樱花！”给现代的东亚社会带来了深刻的记忆。“从明治时期开始，各界政府从视觉和概念上均把军事行动和军人的阵亡美学化了。樱花的形象被大量利用……代表日本精神的樱树，在帝国扩张时期遍植它的殖民地，目的是把殖民地空间转换为日本的空间。”“樱花美学的动员在实施神风特攻队行动时达到了高潮。粉红色樱花被画在特攻队战机两侧的白色背景上，日语关于樱花的各种词语都被用来称谓这支特种兵。”

樱花作为一种美丽、烂漫的花朵，本是与世无争的自然之物。却因为频频出现在日本的军徽、战机上，无端成为日本军国主义、殖民扩张的一部分，使东亚人民望见樱花，或许会产生一种不快的记忆。这对樱花是否公平呢？

樱花是如何与日本军国主义联系在一起，并被借用为日本对外军事扩张的象征？这里有着什么样曲折的过程？一位美国人类学家不愿令其蒙受不白之冤，决定为樱花一辩。美国威斯康星大学麦迪逊分校人类学教授、日裔美国学者大贯惠美子在《神风特攻队、樱花与民族主义——日本历史上美学的军国主义化》（以下简称《樱花》）中，为我们展现了樱花与众不同的身世。

从古至今话樱花

“在古代日本最神圣的植物是稻米。稻穗居住着神的灵魂，体现为谷粒，因此稻米代表了农业生产力。樱花的象征等同于稻米。因为这样的等同，所以也是维持生命能量的象征。”大贯惠美子一开始就引用日本民俗学创始人柳田国男对稻米的叙述，把樱花的地位提到和稻米等同的地位。

然而，这样一种重要的樱花，在日本早期文学、美学的范畴中是缺失的。大贯惠美子通过对樱花早期形象的讨论发现，在日本早期诗集《万叶集》收录的四千五百一十六首诗歌中，有四十七首出现了樱花，而这只占到所有诗歌总数的百分之一的樱花诗“被男诗人当作爱情和妇女的象征”。由此可见，“在这部诗集中樱花并没有占据中心位置，主要是以荻和梅作为主题和隐喻”。樱花仅仅作为妇女美丽的象征，并不具有更超越的意义。

而且，樱花甚至梅花在日本文化中的核心地位，还受到中国文化传入的菊花文化的冲击。“平安时期，中国的重阳节赏菊传入日本。天皇在赏菊时，就用带着露水的菊花的花心‘菊棉’擦拭身体”，与之相伴的，还有汉诗的朗诵。菊花在日本文化中的重要象征含义，一直延续至今，无怪乎大贯惠美子的前辈鲁思·本尼迪克特用《菊与刀》（却非樱花）这组具有强烈对比的隐喻来概括日本文化的核心。

按照大贯惠美子的考察，樱花在日本的崛起，可以追溯到相对较晚的江户时代。德川家的幕府将军不但自己种植樱树，还建立了每年让各地藩主前往江户居住（据称，为防止藩主在领地造反）的制度，使得藩主将各自领地的樱花品种带到都城栽种。这一举措，使江户一举成为“樱花之国”，在当时“江户百景”中，有“二十一个名胜因其樱花的美丽而被选中。梅花仅出现四次”。从这以后，樱花作为日本人的集体象征，开始从自然景致，向文学表达，进一步向着精神层面逐步发展起来。而在此时，樱花的主要含义，还仅仅是用樱花盛开时，浓密满枝头的花朵，代表人们日常中所向往的旺盛的生命力、繁殖力，这种朴素的意象，尚未被后来更狭隘的观念渲染。

可以看到，直到此时，樱花作为一种日本常见的植物，虽然开始繁盛遍野，但还缺少一个契机，将其提炼为一种具有特殊象征含义的符号。而这个契机就来自明治维新三杰之一的木户孝允，在他的主持下东京招魂社（后来的靖国神社）开始种植樱花，“目的是让美丽的樱花去安慰那些阵亡的武士”，尽管“这个计划并不包含鼓励军人牺牲自己的生命”。东京招魂社建立的最初目的是纪念在“戊辰战争”中，为了击败幕府军队而牺牲的维新派士兵。这与后来陆续移入神社供奉的日本历次对外战争中的亡者有着本质区别，然而，当樱花与战争这个庞然大物产生了交集，它的象征含义也随之向着更大，也更无序的方向延伸开去。

明治维新后，新制的日军海军、陆军制服上都出现了樱花。而军人的阵亡，则被隐喻为樱花的凋零。正如明治时期日本教育家新渡户稻造在《武士道》中对樱花与武士道所作的比拟，他谈到“武士道，如同它的象征樱花一样，是日本土地上固有的花朵”。而将军人履行武士道的自杀，比喻成“‘刹那寂灭’的樱花，在日本国民心里象征着格外美丽的死亡”。对此大贯惠美子认为，“在现代军国主义意识形态中，最明显的相似之处是樱花结果之前飘落和年轻军人结婚生子之前阵亡。两者都被剥夺了生殖力”。

“樱花的象征意义从象征生命力的盛开的樱花转化到了象征军人阵亡的落樱。”随着日本帝国主义的扩张，这种象征也随着日本军队向外延伸。这或许是樱花本身的含义在近代以来经历的最大转变，也最终造成了现代东亚社会对樱花形成的最大误解。

樱花：一种发明的传统？

为了检验大贯惠美子对樱花形象变迁历程的探索，笔者特地检索了柳田国男关于日本历史民俗的专著。一个不争的事实是，不但在日本早期文献中，甚至近代日本收集的民俗故事中，都没有见到樱花，连作为故事背景的线索也没有找到。这不禁让我怀疑起樱花在日本的悠久历史。同时对大贯惠美子早先出版的《作为自我的稻米：日本人穿越时间的身份认同》一书的考察，也证明樱花与稻米之间的象征含义似乎并未构成明确的联系。

我忍不住查阅了有关植物分类的一些资料，不出意料地发现，樱花的原产地是包括中国西南在内的喜马拉雅山脉。而且，中国西南地区至今仍生长着数量最丰富的野生樱花品种。尽管很难证明日本的樱花品种是否源自中国，但唐代李德裕《鸳鸯篇》中的“二月草菲菲，山樱花未稀”，以及李商隐的《无题》中的“何处哀筝随急管，樱花永巷垂杨岸”或许表明，源自唐代中国的赏樱传统，也随着日本遣唐使一道，进入平安朝的日本。只是当时日本本土樱花并未普及，难以形成如同赏菊一般的“共情”。

而直至江户时代，由于幕府将军偶然的推动，樱花以其旺盛的生命力竟从百花丛中一枝独起，成为都城江户重要的自然景观。随着明治初期日本政局在西方文化迫近下急切发生的变化，日本社会亟须重新审视自己的当下与传统的关系。“那些亲近政府的人对樱花的意义有不同的理解——一些人认为其代表了封建日本，反之，另一些人则认为象征了现代新日本。”各种势力，都呼唤着一种能代表新的历史阶段，又与过去保持联系的纽带。他们仿佛巧合般地从樱花这一宽泛又具体的“能指”中，达成了前所未有的共识。

正如《传统的发明》中，牛津大学历史学家休·特雷弗－罗珀对苏格兰男性穿着——传统格子呢短裙所做的分析那样，“现在被视为苏格兰古代传统之一的苏格兰褶裙很可能从未存在过”，而只是出自18世纪末苏格兰高地社会对爱尔兰文化的反抗。在这一文化变革时刻，苏格兰知识分子精心创造了一个想象的凯尔特时期，为这一伟大传统提供证据的，则是临时创造出来的格子呢褶裙，还有风琴。历史学家霍布斯鲍姆将这种晚近出现的“古老”传统，称为“传统的发明”。

于是，樱花，这一过去并未被赋予如此重任的植物，就在这一变革时刻，被各种妥协的力量创造出来，成为新渡户稻造笔下一种全新的古老象征：“樱花自古以来就是我国国民所喜爱的花，是我国国民性的象征。”只不过，这个“自古”或许并不太古老。

历史归历史，自然归自然

樱花及其背后丰富的文化内涵，是不是一个类似的“传统的发明”，这是一个见仁见智的问题。至少，我们从大贯惠美子这里，并没有找到更多有关樱花的早期证据来证明其在日本的悠久历史。正相反，我们看到的更多是，明治维新以后，日本在寻找自身在世界格局中的定位时，有意将自己过去来自中国的传统（比如赏菊）分割开来，寻求一种具有独立性自我表征的过程。或出于对本文化的崇敬之心，或纯粹缺乏“他者的眼光”，大贯惠美子受困于樱花的“自古”，失去了将其与当代路径勾连的创造性视野。

不过，她在《樱花》中所提供的五个“神风特攻队”飞行员的事迹，却从另一个层面揭示了樱花游离于军国主义之外的独特一面。一个名叫林尹夫的神风特攻队飞行员的诗歌显示，“他的爱国主义与‘为天皇和国家捐躯’意识形态毫无丁点关联。他对落樱的想象和靖国神社也同样没有关联”。他从未用樱花想象自己与日本侵略战争的联系，他只是一个被战争裹挟的可怜的大学生，在这场毫无希望也缺乏正义感的战争中，不幸地沦为了可悲的祭品。他唯一和樱花相似的，就是用短暂的生命追随了落樱不染的纯洁。

透过《樱花》一书，大贯惠美子展现了她的写作意图，通过展现“国家如何通过操纵日本历史悠久的樱花的象征意义来说服人们，为天皇‘如美丽的飘零的樱花’那样死去是一种荣耀”，来反思战争机器对普通日本民众的伤害——人们并非情愿沦为战争的牺牲品，而只是被某种带有象征色彩的意识形态所驱动。

当然，我们通过更多维度的视角（主要来自大贯惠美子本人提供的材料）可以发现，普通日本民众本身对樱花这一“发明的传统”似乎保持了理性距离。他们未必被樱花的绚烂遮蔽了双目，盲目地投身于战争的狂热，他们更多的只是无法自外于日本军国主义的枪炮，卷入历史的车轮。将他们等同于落樱般坠落的盲从者，未必是种公允。

遑论她的努力是否成功，大贯惠美子至少用本书为樱花提供了一种辩护，将樱花本身与日本军国主义的象征手段区分了开来，让我们无论在中国公园，还是日本街头、堤岸观赏花团锦簇的樱花时，看到更多的是自然之美。还樱花一个天然无邪的同时，也用这种无邪照见我们的当下，始终对“被发明的传统”及其背后的脉络，保持一种清醒与理智。

8. 书后没有的译后记[*]

1981 年秋日的吕宋岛山区，“……米歇尔在前往新田野点的路上。她身强腿健，无所畏惧。她打算天黑前回来，罗纳多和两个儿子在原先的田野点等她。她告诉他照顾孩子上床，她要回来给他们讲故事。但她失足滑下悬崖。他们跑去告诉罗纳多。罗纳多在山崖下找到了她。他大声呼喊，却阴阳两隔。他把她的尸体运回了纽约的犹太人墓地。他离开了菲律宾，不再归来。怀着悲伤……久久的。伊隆戈人也怀着悲伤。……”《伤心人类学》的作者露思・贝哈不无悲伤地写道。

---

* 本文为罗纳多・罗萨尔多所著《伊隆戈人的猎头：一项社会与历史的研究（1883-1974）》一书译后记兼评论（作于 2011 年 6 月 1 日），因故未刊于书后。

这段伤感的故事，可以算作人类学伉俪罗萨尔多夫妇二十多年菲律宾田野的终曲，然而他们留给我们的是以《伊隆戈人的猎头》为代表的丰富人类学遗产。而这一切就始于1967年10月，他们第一次踏上伊隆戈山区土地之时。

1960年代的菲律宾，在经历"二战"之后重新崛起，向着现代化国家的道路前进。不过，年轻的罗萨尔多夫妇到此，却是追寻着20世纪之初美国人类学家威廉·琼斯的足迹，为了寻访著名的"猎头"部落——最初怀着人类学传统上对"永恒原始"的浪漫渴望。随着田野调查的深入，罗萨尔多渐渐发现自己面对的，并不是一个时间静止的"桃花源"。

其实，早在琼斯到访之前，华人、西班牙人在吕宋岛沿海港口及内陆平原的活动，就已经对菲律宾社会产生了深远的影响。华人的经济活动，以及西班牙传教士的渗透，殖民政府对原住民的文化绥靖政策，使菲律宾低地平原（与高地山区）社会从之前几个世纪起就已受到早期全球化的冲击，菲律宾社会本身的裂变，让山地和低地居民在数百年的漫长过程中分化成各具自我认同的文化单位（当然，在这之前更久远的时代，变迁就从未停止过）。

这种变化同样无远弗届地影响着山地伊隆戈人，他们也自然成为这一系列文化变迁过程的参与者。不过，这却令罗萨尔多为一个研究范式上的问题所困扰：1960~1970年代美国人类学家奉行的是以"社会结构"——假设相对较长时间内稳定不变的社会行为组织方式——为核心的研究范式；而影响结构变化的历史研究，则是前辈学者们再三嘱咐的禁区。像以往的人类学家那样，罗萨尔多在异文化地区收集了许多访谈记录，可这以后并没有更大的收获——甚至让他觉得这些菲律宾山民的谈话毫无逻辑，前言不搭后语，缺乏基本的时间先后关系。于是，他只有按照当时流行的研究模式，在

“对伊龙哥特社会结构的分析中穿插了各种个案”，并把“个人姓名从这些个案中错综复杂的人类活动中隐去，把这些活动化约为基本社会结构原则的展示”。虽然第一次田野让他完成了博士毕业论文的写作，但对历史的回避，造成了罗萨尔多第一次长达一年多田野调查后，仍无法解开围绕猎头习俗的一系列社会事实之间关联的纽带。

时隔几年后，罗萨尔多夫妇再度返回伊隆戈山区，1970 年代的吕宋岛山区日益卷入地方与全球化的浪潮，传统上“与世隔绝的”山民们需要做出更多基于当下的选择，而这种选择的方向，其实深植于历史脉络之中。这一变化趋势促使他转入思考一个全新的主题：过去如何创造和再制造现在，并尝试将过去的时空历程与当下的选择联系在一起。

此时的罗萨尔多改变了之前只关心共时结构，忽略历史过程的解读方式。借助对伊隆戈社会的了解，对当地语言及对地方历史的熟稔，他为整个山区史编写了一份历史年表，这首先帮助他破译了伊隆戈人口述叙事中“没有时间”的混乱——时间与空间的转换——如同任意一个缺乏文字与历法的社会，伊隆戈无法通过任何一种现成的计时方式来记录时间的先后，他们只能将时间坐标，转换为与此对应的空间坐标（经过某条河流的时间，在经过某座山丘的前或后；而经过某山丘的时间，又在哪条河流耕作前后）。但是，这种时空转换，只有放在地方史和世界史的双重背景下才能充分理解，而罗萨尔多正是因为完成了这一概念转换，才在博士论文的基础上，修正了对当地历史与社会的固有看法，进一步完成了本书的写作。

但是，完成对材料的解读，还只是研究过程的第一步。通过这些材料，理解伊隆戈社会的发展过程，并揭示当地人生活实践的路径所具备的启示意义，才是人类学家对异文化解读的目的和宗旨。

因此，罗萨尔多谈到伊隆戈人的生活选择时，有意识地选择了“随机应变”一词，生老病死、婚丧嫁娶，是每个社会都无法逃避，人人都需面对的“生命周期”，这不是伊隆戈社会的独有，而是所有人类社会需要面对的。伊隆戈人的选择看似随意——他们可以因逃亡到边境而和边境聚落通婚；也可以因为历史上的仇隙，和传统通婚群落失和，倒向另一个与他们有着亲属关系的人群；可以在西班牙人、美国人，以及日本人到来引发的连锁反应中，选择一条顺乎其然的社会再生产道路。然而，伊隆戈人的社会无论遭遇了怎样的打击，无论是来自外部的异族入侵，还是内部猎头导致的人口锐减，其社会仍旧选择了一条自我延续的道路。罗萨尔多在记叙伊隆戈人社会－文化变迁的同时，没有对他们的文化实践妄置一辞，只是借助描述的解释，其对历史人类学研究的启迪在于，用“文化变迁”的观点取代“变革”：不变也是一种变化，断裂也是一种延续。

从全文来看，“猎头”对于罗萨尔多来说，只是进入伊隆戈人历史过程、社会结构的一个线索。通过猎头活动的叙述，他带领我们进入伊隆戈人的社会结构——社会组织、婚姻方式和亲属制度等，而且通过伊隆戈人内部聚落（伯坦）之间、聚落与外来势力之间此消彼长的动态过程，全方位展现了地方文化发展、延续、复兴、再度发展的图景。从西班牙统治时期（1565~1898）、和平时期（1899~1941）、战争时期（1941~1945）、当前时期（1946~1974）这些不同阶段，猎头文化也经历了几度盛衰，在其即将走向历史终结的时候，又因太平洋战争和菲律宾国内的民族运动，出现昙花一现的回光返照，而这段最后的尾声恰给了作者追述历史过程的空间。

回顾该书，我们可以看到，人类学对历史研究的贡献在于两方面，第一，历史是人类活动的结果。人类学将话语结构层面的“历史”还原成具体的人类行为。殖民体系以及太平洋战争这样世界历史意义上的轩然大波，振荡的涟漪在菲律宾山区激起了怎样的回声？如果对于文学作品而言，这交织了原住民文化、西方殖民者与民族独立运动的猎头往事，会成为另一部《百年孤独》吗？不过，这是一部人类学作品，作者告诉我们，人们并没有被动地接受时代的压力，而是随机应变，以出人意料又在情理之中的方式，主动实践着自身的人生轨迹，“沿着不断变换方向的道路鱼贯前进”，创造着自己的历史。第二，文化不会消失，它只是发生了变迁。猎头文化在 1970 年代之后的伊隆戈山区的确走向了尽头，新的学校、教会、机场、定居生活让山区的伊隆戈人告别了猎头劫掠，但他们的生活还会按照过去的历史轨迹选择通婚和迁居结盟。同样，菲律宾山地文化中以猎头为代表的劫掠文化，依旧影响着现代菲律宾社会的某些特征，人们对混乱与暴力文化的推崇，甚至可以从近两年菲国内屡见不鲜的政治屠杀事件，以及劫持绑架活动中找到某种本质上的联系。如同该书中记叙的那样，“二战”之后重新复燃的猎头事件中，伊隆戈人已经熟练地用步枪替代了传统的箭镞。

最后，需要提到的是，罗萨尔多将人生中的二十多年献给了伊隆戈人，同时还有另一位人类学家可敬的生命，但除了“犹太教‘七日丧期’中的悼念，留给我们的还有光照当下的（人类学）财富，以及……永镌（人类学）史册的名字”。

9. 东南亚与她迷人的民族主义*

东南亚与殖民主义

东南亚的迷人之处不仅在于千奇百怪的民族和国家，还在于各种利维坦的动物园。

“‘东南亚殖民地国家’这个正式的抽象名称，掩盖了结构、能力和目标的反复多样。……众所周知，欧洲的殖民地国家与该地

* 本文为本尼迪克特·安德森所著《比较的幽灵：民族主义、东南亚与世界》一书评论，原文发表于《南方都市报·阅读周刊》(2012年7月8日刊)。

区从前存在过的政治实体，两者间几乎没有或者一点没有匹配之处。……即使像缅甸和越南那种殖民地，看上去最像是欧洲人到来之前强盛的中央集权国家的直系后裔，其实跟它们相距十万八千里。广袤的英属缅甸，在其存在的大多数时间里，是英属印度的外围部分，本来可能最终成为东面的克什米尔。在印支出现两个讲越南语的重要国家也并非难事，就像南方群岛上出现了讲马来语的两个国家一样。同样的，暹罗虽然幸免于殖民化，它仍然发现自己承袭了不管怎样杂七杂八的领土，这些领土是竞逐的欧洲列强留下来当作他们间的缓冲地带的。”

美国康奈尔大学教授，民族主义研究和东南亚研究专家，本尼迪克特·安德森在《比较的幽灵：民族主义、东南亚与世界》一书中，用上述这段寥寥数言，就道出了东南亚地区殖民史、现代史，以及包括民族、政治、经济在内所有现代问题的根本原因。要解释这个欧亚大陆东南端，由半岛、群岛、岛链组成的地理－人口共同体，之所以呈现出今天我们看到的东南亚诸国在全球化机遇和挑战面前的种种景象，就不能不从那个并不太遥远的殖民时代说起了。

大多数中国人眼中几乎是热带天堂的东南亚，并不是只有吴哥窟、巴厘岛、普吉岛，它还有马尼拉混血的梅斯蒂索豪华住宅区之外的贫民窟，曾经流血的东帝汶，曼谷街头抗议的僧侣，以及走马灯似的缅甸军政府。安德森曾经以一本《想象的共同体》谈到了殖民主义是如何通过各种现代技术手段推动殖民地社会民族主义观念的形成。那么他在这本书里，引用了菲律宾历史上最伟大诗人何塞·黎刹离开菲律宾，前往宗主国西班牙，又走出西班牙从英格兰、奥匈帝国、意大利和法兰西的角度看待西班牙，看待菲律宾的方式，正是黎刹把这种“在感受柏林的时候立刻想到马尼拉，或者在感受马尼拉的时候立刻想到柏林”的双重意识，形容为“比较的幽灵”。借用“比较的幽灵”，安德森在这本早在20世纪90年代末就已成书的文集中，为我们梳理了东南亚民族主义形成的理路，以及这些后起的多民族国家在民族主义这柄双刃剑下向公民社会转型的艰难道路。

历史与现实

弗朗西斯·福山在《历史的终结及最后之人》中颇具争议地宣布了“人类意识形态发展的终点”，然而民族主义（在某些情境中表现为“原教旨主义”）在20世纪后半期的巨大能量释放，显然为他的结论提供了一个分量十足的反例，尤其当民族主义卷入全球化之下出现的新一轮资本浪潮之后。而今天的东南亚就是这样一块土地。

东南亚是个神奇的地方，众多的岛屿被大海隔开，大小不一的岛屿，有的不亚于微型大陆，有的却仅容践履。这些资源丰富，得天独厚的热带岛屿，随着欧亚大陆一次又一次人口迁移浪潮，形成了尼格罗人、马来人、华人、印度人等的人口结构；同时又随着地理大发现以来，葡萄牙、荷兰、西班牙、英国、法国，最后是美国、日本，这些殖民国家的纷至沓来，这些国家按照各自在政治－经济上的利益，重新组织了整个东南亚的地缘政治。

那些只会说闽南话、客家话、广东话，甚至缺乏识字能力的群体以“华人”的身份融入了马来西亚，这些因锡矿和橡胶林大量移居马来半岛的移民，成为马来西亚总人口中占第二多数的“少数族群”（35%）。而在民族主义诗人何塞·黎刹的菲律宾，这个原先几大岛屿间只有松散联系的群岛国家，在今天已经成为一个以他加禄语为官方语言的国家，尽管这种语言和英语具有同样地位，但在不少岛屿无法通话。它曾是亚洲“四小虎”之一，今天却大量依靠海外侨汇维持社会经济的运行。同样，在曾经的英属缅甸，那些殖民时代加剧的阿拉干人、孟族、缅族、掸族之间的区分，在今天成为缅甸不同邦之间武装冲突的渊薮。在印尼，宗教与民族主义的双重作用下，国家经济命脉掌握在少数族裔手中，使之成为政治与经济腐败的替罪羊。而华人在社会各阶层全面融合（甚至进入王室）的泰国，冷战背景之下的短期繁荣，是否今天还在偿还昨天高速发展背下的债务？

“想象的幽灵”

所有的问题，对应的答案能从殖民时代中找到。宗主国与殖民地之间“想象的幽灵”给了何塞·黎刹反抗西班牙殖民者的原初动力，也让苏加诺找到了反对荷兰人的民族主义武器。宗主国与殖民地之间的不平等关系，以及宗主国本身在世界体系中的位置，都让殖民地居民萌生了“民族”意识，这种上至国家权力下到文化教育的不平等，让民族主义在社会各阶层中都找到了自己生长的土壤。殖民地中接受宗主国文化濡染最深的群体，却往往成为民族意识最为高涨的文化精英，那些接受殖民者武装训练的本地下级军官们，在此时就成了推翻殖民统治的主力。但是，殖民化过程中不同的背景，也导致文化精英与军事精英之间形成了某种天然的差距，这表现为日本占领时期接受军事训练的苏哈托、李光耀与日据时期试图“依靠日本实现民族独立”的苏加诺、昂山将军之间的鸿沟，这种距离也决定了他们本人与新兴国家的命运。

不同国家有着不同的“民族主义”基础，它们让民族主义政治家获取无穷动力的同时，也在赶走殖民者后，使东南亚国家陷入“后殖民”之殇。

按照英国殖民者的需要，缅甸的不同族群就围绕英国同盟，分成了“缅族官僚、基督徒克伦人警官和掸人贵族”，还有那些未开化的山地部落“克钦人”“佤族”——至于华人，他们在哪里都控制商业。这种基于族群的社会阶级划分（固然与传统印度教的种姓制度有着千丝万缕的联系），把阶级（职业）与族群严格对应，在方便英国殖民者进行管理的同时，却把问题留给了“后殖民”时代的民族主义政治家。主要社会权力机构被某些部族成员垄断，一方面阻碍了其他族群在社会阶层中的流动，另一方面也为政治、经济的腐败提供了温床。再者，为了把这些权力垄断在族群内部，（尤其是少数显赫家族之间的）族内婚在所难免，这些政治婚姻在防止权力旁落的同时，也构成了菲律宾统治阶层的原罪。

最高军事长官出自传统时代的武士族群，令他们在新的“多民族”国家中垄断了军事寡头的来源，这对多民族社会中的其他族群，无疑是种恒久的威胁（东南亚国家的“排华”运动，以及发生在“东帝汶”的杀戮便是真实的一幕；而远在卢旺达的胡图族与图西族之争，则是更残酷的警示）。出于这种恐惧，原先反殖民战争中的统一战线分裂，各部族之间曾被“民族”压抑的仇隙、纠纷，被新一轮不平等关系唤醒，部族武装首领自封为“将军”，缅甸的军阀政治就此萌芽。

东南亚的公民社会

面对“后殖民”时代的种种民族主义遗产，许多人都付出了努力。一些与工业资本主义妥协的民族政治家们却发现，除了现代都市之外，他们还制造了数倍于此的贫民窟。与此同时，殖民时代的故伎仍在重演，“美国人玩世不恭地利用越南山民对付越南共产主义武装力量，利用基督徒摩鹿加人对付苏加诺政权；国际石油公司在独立后的缅甸赞助了族群叛乱，利比亚和马来西亚的马基雅维利们援助了南菲律宾的穆斯林兄弟”。

克利福德·格尔茨曾在《政治的过去，政治的现在：关于人类学之用于理解新国家的手记》一文中提到，“苏加诺对于交战中的日本的接近观察，大概是他生涯最有启示性的经历……”。所有这些类似的经历构成了东南亚国家经由“民族主义”，通往现代国家道路上的重要阶石。

那些来自传统，来自过去的政治–族群结构，诚如安德森所言，确实“延缓了马来半岛上真正公民社会的到来”，但这也是东南亚社会迈向未来，迈向“真正公民社会”的契机和源头。

10. 走向后殖民的现代性*

殖民与现代

时下的中国知识界，往往喜欢将目光朝南看，朝向南亚那个迅速崛起的发展中大国。某些学者不断鼓吹中、印两国在政治－经济领域南北争雄的同时，却往往禁不住流露出文化上的不自信。当我们不情愿地提到当今世界具有影响力的印度学者、思想家们：阿希

---

* 本文为阿尔君·阿帕杜莱所著《消散的现代性：全球化的文化维度》一书评论，原文发表于《南方都市报·阅读周刊》（2012 年 10 月 28 日刊）。

斯・南迪、霍米・巴巴、帕沙・查特吉、杜赞奇，以及阿尔君・阿帕杜莱等人时，难免为中国学者在国际思想界的希声感到赧颜。

虽然中国电影近年来在国际舞台上屡有斩获，最近的诺贝尔文学奖又如一剂强心针注入中国文化界的血管，但这在很长时间里仍无法让我们在思想领域有更多的收获。德国汉学家顾彬提出了他的看法："他（莫言）讲的是荒诞离奇的故事，用的是18世纪末的写作风格。"莫言的作品中流露的观念在很大程度上投射了当代中国思想主体的自我想象。《红高粱家族》的抗日传奇，《丰乳肥臀》中的瑞典牧师，《檀香刑》中的八国联军与义和团，《生死疲劳》中的农民命运，这些"荒诞离奇的故事"都深深嵌入历史的结构，这个历史就是中国这一个世纪以来与（以"殖民主义"为表征的）现代性的纠结。

20世纪的中国在与现代性的碰撞中走上了一条有中国特色的道路，在与现代主义的"冲击－回应"过程中，我们打开了民族主义的闸门，这在自我认知的层面上表现为两个维度：第一，反抗殖民主义，及其背后的现代性；第二，通过唤起一种古老的民族自豪感，力图从古老根基中发掘一种所谓独立、全新的"现代性"。前者诞生了无数的抗战影片和"愤怒的青年"，后者则在极端"崇古"和"抑古"的两极摇摆中，经历追思"朝贡天下"和"打破一切旧传统"的分裂。归根到底，都是人们对现代性的爱恨情仇——殖民者带来了"现代"体验之后，却不负责到底，留给我们半个多世纪以来的"后殖民"阵痛。

如果说印度在1940年代与中国站在同一条刚摆脱"前殖民地身份"的起跑线上，那么今天其在思想领域取得的成就需要中国尊敬。这些差距为什么出现？著名印度裔美国人类学家阿尔君・阿帕杜莱在《消散的现代性：全球化的文化维度》（以下简称《消散的现代性》）一书中，似乎为我们提供了答案。

与历史对话的印度

“对前殖民地来说，去殖民地化是与殖民过往的对话，而不仅仅是抛弃殖民习惯和生活方式而已”，阿帕杜莱在“把玩现代性：印度板球的去殖民化”一章的开头这样写道。从他的话中我们可以感受到一种与以往截然不同的思维方式：改变命运、追求未来，不是否认自己过去的历史，不是抹去一切受压迫、剥削的历史，而是面对过去遭遇的一切（无论是否苦难），把所有的经历和当下的期求连接起来，成为走向未来的基石；而不是沉浸于过去的不幸，或者一遍遍抹去历史留下的痕迹，或者一次次呓语远古帝国的记忆。

阿帕杜莱的这部作品并非主题完整的书稿，而是一些文章的集合，以三个部分呈现了全球化时代中，现代性与不同族群、文化的互动。在第一部分，作者恰到好处地提醒了我们当下所处的时代——全球化时代——我们生活在一个 21 世纪，尽管上一个时代（殖民时代）的痕迹依旧若现，但“今日世界族群政治的核心悖论是，原生情感（无论来自语言、肤色、邻里还是亲缘关系）早已全球化了……现在，各群体既处于迁移之中，又通过复杂的媒体功能保持着联系，这些情感随之分散到巨大而不规律的空间之中”。也就是说当今世界早已打破了地域与族群的界限，印度人并非全部定居在印度，他们可能是西亚的劳工、澳大利亚的程序员、新西兰奥塔哥博物馆的馆长、新加坡国立大学的教务长；中国人更会出现在世界各个角落，原先那些殖民时代划分的版图与族群，早已被现代运输、传媒手段，以及信息技术搞得支离破碎，前殖民者与受殖者的后代真的“坐在一起，共叙兄弟情谊”。

在这样一种情境当中，继续维持一种殖民地的感受显然是不合时宜的，因为我们已经分不清哪些是属于殖民者，哪些属于受殖者了，当前殖民国家正在消费“印度飞饼”“土耳其肉夹馍”时，前殖民地人民也正在消费意大利面和汉堡包，谁在消费谁的奇风异俗呢？这是一个会难倒人类学家的问题。

阿帕杜莱在第二部分“现代殖民地”中就以“印度板球”的历史呈现了这种去殖民化的历程。和更著名的“特罗布里恩德的板球”一样，印度著名的板球曾是殖民者留下的痕迹。板球作为一种精英运动被引入印度，英国殖民者把“偏好板球作为对东方人民进行道德规训的手段”。得益于一些英国教练，大批印度人积极投身这项运动，“印度和英国的社会阶层彼此连接互动，共同造就了一批非精英阶级的印度人。他们既认为自己是天才板球选手，也认为自己是真正的‘印度人’”。著名击球手兰吉身上“迷人地体现着孱弱、懒惰、缺乏耐力等特质的反面，而那些特质恰恰是殖民地理论家对印度人的看法。”

正如中国人不断试图用武术击败拳击/外国大力士，以获得对受殖感的反抗，印度人则以板球运动的成功证明他们是与英国殖民者一样现代性的继承者，而非“孱弱、懒惰、缺乏耐力”的病夫。两者在策略上的微妙差异，或许决定了两国在处理“后殖民”状态中的取向。一方是以反抗者的自我想象，力图排斥、超越殖民者的影响；而另一方则以接纳外来文化的方式，实现两者的平等。当板球真正成为印度文化的一部分时，印度也把殖民历史的其他部分融入自身发展的文化脉络，有些讽刺的是，打这以后，印度的板球竞技水平也从世界一流节节下滑——或许体育上的成就并不能带来精神上的平等，平等来自内心的平静。

如果说该书的前两部分展现了现代印度继承殖民遗产的光明

一面，那么第三部分“后民族地带”则呈现了殖民遗产的另一面。“来自香港的华人在温哥华买下房地产，来自乌干达的古吉拉特商人在新泽西经营汽车旅馆或是在纽约经营报纸摊，还有芝加哥和费城的锡克族当出租车司机，这些例子都证明了在这个新世界里，流离已经成为事物的秩序……”那么在这个属于全球公民的时代，我们又该恪守怎样的“爱国主义”？我们是该对各种异文化现象保持“如坐针毡”般的敏感，还是在不断的文化接触过程中用多元主义的心态接纳整个世界，将是对“后殖民遗产”继承人的考验。

告别“黑暗的心”

英国人类学家杰克·古迪在《西方中的东方》一书中重新讨论了韦伯和马克思留下的经典问题：东方文明为什么未能产生资本主义？只是古迪笔下讨论的主角从我们熟悉的“中国”换成了“印度”，不过答案我们却耳熟能详，印度也曾在某种类似资本主义的经济边缘上徘徊，甚至取得了前资本主义时代的辉煌，但或许是由于内部发展不均，或是外来殖民势力的打破，最终是欧洲而非印度成为资本主义的受益者云云。

尽管不知道这本著作十多年前出版后，在印度激起过多大的反响，但我想象不到会产生和中国一样激烈的回声。当我们把人类文化视作一个个离散文化组成的整体时，或许不再把本文化与世界其他文明对立起来，以邻为壑，孤立的其实只是自己。

当康拉德在《黑暗的心》中揭露肩负“启蒙”使命的殖民者在非洲丛林中犯下的与初衷有违的种种劣迹时，他也承认这一切或许都是文明传播的代价，现代性正是经由这些最初并不太现代的方式向全世界传播开来的。尽管我们最初没有幸运地成为现代性的“选民”，但这并不妨碍我们成为现代性的合法继承者。倘若仅仅因为殖民时代留下的伤痕，便如长不大的孩童般永远无法面对成长中遇到的挫折，我们在现代性的求索之路上便永远无法领取合格证书。

只有不断“与殖民过往的对话”，才能在精神与身体的“去殖民道路上”越走越远，就这一点来说，阿尔君·阿帕杜莱不愧是一位当代的智者。

11. 与世界分享收益，也分享风险*

二十年前的1991年，一位逐渐建立自己学术体系，并且怀着伟大学术目标的学者写了一本200页不到的小书。时值苏联刚刚解体，欧洲刚从冷战的阴影下走出，然而，五年之前（1986年），乌克兰北部，距首都基辅不到140公里，曾被认为是世界上最安全、最可靠的切尔诺贝利核电站发生爆炸。高效清洁，被世界给予厚望的“现代”能源，如今成了这之后漫长而深远灾难和不幸的渊薮；人类社会自工业时代以来孜孜不倦追求的“现代性”到底意味着什么，这给了当时53岁的社会学家安东尼·吉登斯一个机会，在时代

---

* 本文为安东尼·吉登斯所著《现代性的后果》一书评论，原文发表于《南方都市报·阅读周刊》（2011年5月15日刊）。

车轮飞速旋转的间歇，反思一下《现代性的后果》。

这本写于20年之前的著作，如同洞悉未来的预言家，在那个依靠广播、电视、报纸联系的1990年代之初，就揭示了“全球化”时代加诸我们所处生活、社会的种种潜在的机遇与挑战。而今，在这个由互联网编织得更紧密的信息时代，“现代性”的成就依然将其如影随形的种种“后果”，影响着我们这些生活在当下的人类社会。

从“平行宇宙”到标准化日历

贾雷德·戴蒙德在《崩溃》一书中讲到，当10世纪末，最后一次干旱降临今天墨西哥的尤卡坦半岛后，古典时代著名的玛雅帝国“90%至99%的人口消失了，尤其是以前人口最密集的南部低地，与此同时，一起烟消云散的还有国王、长纪年以及复杂的政治与文化制度”。虽然这是当时世界上最主要的玉米、可可种植地区，可能还是重要的贵金属产地，但是，帝国的崩溃并没有引起世界粮食价格、巧克力或是黄金价格的波动。其实，如果不是19世纪中期两位美国探险家的冒险，我们甚至不知道这个灿烂的古代文明的存在。

1908年6月30日上午7时17分，一颗小行星在俄罗斯西伯利亚埃文基自治区通古斯河附近坠落并引发大爆炸，这次爆炸使超过2150平方公里内的6000万棵树焚毁倒下，森林夷为平地。研究者认为，通古斯大爆炸的威力相当于 10 到 20 兆吨 TNT，这一威力是在广岛投放的原子弹的 1000 倍。内忧外患的清政府，此时正忙于最后几年的挣扎，没人注意到发生在蒙古高原以北的这场大爆炸。

当明末清初严厉的海禁政策解禁之后，中国对东南亚的海外贸易已经很难恢复。因为在海禁政策严厉执行的三十多年中，在市场的真空状态刺激下，西欧社会围绕商品生产展开的工业化进程，已经向东南亚市场渗透，当海外贸易重新开启后，中国商人发现，除某些特殊奢侈品外，大宗商品的市场份额已经被后起的欧洲殖民地产品占领。正是这种商品对市场的欲望，最终将“贸易战争”推到了帝国的港口。但是，我们时隔一个多世纪，还是很难从“国际贸易”的角度来理解这种“前现代”的“后果”。

为什么古典时代的我们显得如此“木知木觉”呢？因为“现代”之前的人类，仿佛生活在不同时空组成的“平行宇宙”之中，我们几乎不知道对方的存在，表现在每个社会都有一种属于自己的时间观。“时 – 空转换与现代性的扩张相一致，直到本世纪（20 世纪）才得以完成，它的主要表征之一是日历在全世界范围内的标准化，每一个人现在都遵循着同样的计时体系”，吉登斯指出，这种由“西方旅行家和探险家对世界的‘边远’地区的发现”，使人们在人类史上第一次有机会打破时 – 空的束缚，将世界各地的时间与空间分别整合在一起。

吉登斯提出了“脱域”一词，“社会关系从彼此互动的地域性关联中，从通过对不确定的时间的无限穿越而被重构的关联中‘脱离出来’”。如此复杂的一句话，简单来说，就是人与人之间，社会与社会之间，文化与文化之间，跳出了原先看得见摸得着，由习俗、制度、文化 – 社会结构或者地域性历史进程连接的关系，进入一种依靠“现代组织与制度”联系起来的“现代秩序”——当然，这种秩序的建立，离不开现代交通、通信技术进步与新能源的开发。这种现代的方式“以传统社会中人们无法想象的方式把地方性与全球性的因素连接起来，而且通过两者的经常性连接，直接影响着千万人的生活”。

看不见，却信任

假设我有一辆车（实际上我没有），我当初下决心买这辆车的初衷，是缩短我出行的时间（当然也不排除出于中产阶级的虚荣心）；其实还有一个深层次的理由：我相信这一种建立在“现代”体系下的保障原则——我几乎可以随时随地加到燃料汽油，保证我可以在今天之后，明天、后天乃至更久的时间都能继续这种生活。而实际上呢，由于离我（上海）最近的东海油田，远在500公里之外的公海之上，我并不确定我在附近加油站获得的汽油来自哪里，这是哪个炼油厂的产品，这些原油来自哪里——俄罗斯？南海？中东？每天的油价是如何受到世界石油输出国组织（OPEC）的调控，又在何种程度上受到中东局势变化，北非政变的影响？

这里出现了一个关键的概念，“全球化”，“自从机械印刷术引入欧洲以来，通讯方面的机械化技术剧烈地影响着全球化的所有方面。它们构成了现代性的反思与断裂的重要方面，而正是反思与断裂，将现代从传统中分裂了出来”。不少研究者努力将全球化追溯到“现代”

之前更早期的时代，不可否认，跨区域的普遍联系，的确是人类社会在历史上由来已久的构成方式。但是，随着资本主义出现的现代意义上的“全球化”，才真正完成了社会的“异化”，某一个国家可以只生产一种或少数几种产品，澳大利亚的羊毛和冬小麦、哥伦比亚的咖啡豆、古巴的糖、中东的石油、日本的高科技产品——为了在原料配置、产品销售、运输等方面达到利益的最大化。

可是，我们忍不住要问，这种现代的“全球化”的生产－消费格局，对粮食生产大国以外大多数产品的生产者来说，岂不是非常脆弱？因为大多数生产者需要卖掉咖啡豆或糖或石油，再来买入其他消费品；而单一生产，势必受到世界价格体系波动的影响。比如，世界石油交易情况，对中东局势的变化非常敏感。换言之，是什么使人们甘冒只生产少数产品的“风险”，为追求更高的利润？

“信任”，吉登斯提到。尽管这种信任与我们之间体会到的人与人之间，时－空间的连续关系有着共同的心理源头，但是，现代的“信任”与前现代（传统）的“信任”之间，最大的差别在于“抽象体系：时－空无限制条件下的稳定的关系”——也就是，我们对抽象的，看不见的，没有直接接触的世界体系的“信任”。

现代社会在技术上给予我们足够的许诺与保障，使我们相信，可以依靠某个超越我们日常生活空间的庞大的看不见的抽象体系。虽然，我没亲眼看到任何一个海上石油钻井平台，或者是沙漠边缘的油井，但我相信，这些我只通过电视或图片见到的这些“现代的”汽油生产/运输方式，让我在我家附近和可能到达地区随时能找到提供加油服务的加油站；同理，我也没有亲眼见到过琳琅满目的超市中任何一件商品的生产和运输过程，但我相信，有一个真实存在的体系，保证着我们的“现代”生活，我不会为米、油、糖的供应感到担心。当然，还有盐，是的，盐！

分享收益，也分享风险

然而，吉登斯并非一个盲目乐观的研究者，否则他也不会成为当代最重要的社会理论家之一。与信任相对，当然是“不信任”，而这种不信任则随着人们对“脱域”的体验而不断变化，我们可以将其概括为“风险”，“信任与风险，机会与危险，现代性的这些两极矛盾的性质渗进日常生活的所有方面，也影响着地方化和全球化之间的相互嵌入过程”。

当我们将自己牢牢“嵌入”世界体系之时，也是我们与世界体系共同分享“收益与风险”之日。信任“联合国粮农组织”对世界主要粮食作物市场未来预测的农场主，按照可能的交易状况分配土地和肥料，大多数情况下，他们可能会获得足够的收益，但世界范围的粮食价格下跌，也可能跌进他们的成本中；当然，传统社会自给自足的农民可能面临气候异常的风险。同样的事情，也会发生在现代的蔗农或咖啡、橡胶种植者身上。

这只是风险的一个层面，“核战争的可能性、生态灾难、不可遏制的人口爆炸、全球经济交流的崩溃，以及其他潜在的全球性灾难，对我们每一个人都勾画出了一幅令人不安的危险前景”。现代社会在带给我们某种生活方式的同时，也将我们暴露在更多“风险”面前。

3 月 11 日，日本东北地区宫城县北部发生的里氏 9.0 级强震，随后导致一系列包括海啸，以及福岛第一核电站泄漏事故在内的灾害，将我们与“现代性的后果”放在同一个平台上，这个距离我们 2000 公里的地区，在世界范围内引发了一波又一波社会回应与反思的“浪潮”。

这是一个发生在2000公里外的灾难，我们所能获得的信息来自网络和电视媒体，参观过核反应堆和了解核泄漏机制的人数，在人群中可能都维持在相对较低的百分比，换言之，空间上的距离，专业知识和经验上的欠缺，似乎都让我们远离了“风险”。然而现代社会借助运输与通信技术造成的“脱域”，使我们很难评估我们与“风险”之间的实际距离——事实上，此次核泄漏既不比广岛核弹爆炸离我们更近，也远没有切尔诺贝利核泄漏严重，反而是传媒与通信的进一步发达，使我们从更多媒介接收比以往更多的“事实”，要比过去更容易怀疑“风险”的出现，从某种意义上说，这与“现代性”的初衷有所背离。

这或许是二十年之前的吉登斯没有预见到的，不过，上述种种都是现代性可能出现的“后果”，正如吉登斯所言，“现代性的根本后果之一是全球化……它既在碎化也在整合，它引入了世界相互依赖的新形式……它创造了风险和危险的新形式，同时它也使全球安全的可能性延伸到了力所能及的地方。”与此同时，“现代性的全球化不仅体现在它的影响上，而且也体现在知识的反思性上”，或许这种知识的反思有助于我们更自省地审视现代性带来的所有后果。

12. 天堂并未远离*

大家好，我是张经纬。我是知乎私家课《博物馆里的中国史"通识"》课程的导师，在上海博物馆工艺研究部工作。我的另一个身份是人类学家、专栏作家，同时也是一名译者。过去几年里，我翻译过6本学术专著，其中一半都已经再版，受到学界很高的评价。现在我要为您带来其中一本作品《远逝的天堂——一个巴西小社区的全球化》(以下简称《远逝的天堂》)。

* 本文为康拉德·科塔克所著《远逝的天堂——一个巴西小社区的全球化》一书说书稿，原刊于"知乎·读书会"栏目。在这个知识付费的时代，"听书"对我们并不陌生。但未必所有朋友见过"说书稿"这种充满"话术"的文本，其突出重点，在潜移默化中灌输"鸡汤"的形式，离我们并不遥远。不过，与其批判资本对知识的垄断，不如改变我们的思路，积极适应全新的知识传播渠道，将人类学的知识传播更广，让更多人拥有人类学的思维和视野。

巴西以桑巴舞曲和足球闻名于世，这个南半球最大的国家，估计大家都没有去过，我也没有。巴西的另一个身份大家可能听说过，它是和中国、俄罗斯、印度、南非一同被国际看好的五个新兴市场之一，被合称为“金砖五国”。它的经济发展水平曾经领先于中国，对中国当下具有很大启发。今年足球世界杯开赛在即，巴西队自然也是大家关注的焦点之一。我就想以译者的身份，带领大家前往巴西，从一个南大西洋沿岸的小渔村开始，看看这个国家经历过的变迁之路。

我们所有人，不说到过海滨渔村，一般的村子基本到过，农家乐、农家饭至少都尝过几次。有些朋友对农村特别有感情，到了农村非常容易感慨，觉得农村一切都好，土鸡也好，土鸭也好，空气也好。连简陋的住房、尴尬的卫生条件，都成了他们口中的“原生态”。而他原来的城市生活，仿佛变得没有一样过得去，简直没法和这儿相比。然后，还要煞有其事地对当地居民讲：你们现在这样的生活特别好，千万不要走“现代化”的道路，过上现代化生活以后，好山好水都没有了。当然，这位热爱“原生态”的人士很可能第二天就回城里去了，只把好山好水留在了自己手机的朋友圈里。

这个时候，你或许会有一丝纳闷，大家心中的“原生态”到底是什么？为什么口口声声赞美原生态的城里人，转眼又回去追求那个“现代化”生活去了。我们应该如何追求我们自己心目中的完美环境。

我现在要和大家分享的这本《远逝的天堂》就能解开你的困惑。这本书最精彩的地方，就是通过一个人类学家在这个海滨渔村中超过 40 年的经历，告诉你一个前所未知的“原生态”的故事。通过收听这本作品，你可以在享受原汁原味的自然生态的同时，更好地接受我们的乡村所经历的“现代化”之路。并且为自己心中的自然美景，贡献一份重要力量。让我们更加亲近自然，也更加开放地接受自然经历的改变。

《远逝的天堂》这本书的作者是美国密歇根大学的人类学家康拉德·科塔克教授，他曾在世界很多地方进行过研究工作，比如巴西、马达加斯加，研究了当地的文化在全球化过程中的遭遇。他著有很多学术和普及型作品，除了大家即将听到的这本以外，还有《人性之窗》《马达加斯加高地的历史、生态与文化》等。他因为这些丰硕的研究成果，以及对世界上各种文化注入的丰富感情，在2005年时荣膺美国人文与科学学院院士，2008年又成为美国国家科学院院士。[1]

上面介绍完了这本书的基本情况和作者。接下来，我就为你详细说一下这本书的内容。

这本书主要说了三个要点。

第一个要点是：真正的“原生态”是什么模样。我们有没有权力为了想象中的“原生态”，要求别人生活在落后的环境之中？

第二个要点是：为了拥抱美好的生活，我们要允许“原生态”在发展过程中的不完美。

第三个要点是：如果想要留住真正的原生态，请你一同经历它的改变。[2]

现在，我就来与你分享第一个要点：真正的“原生态”是什么模样。我们有没有权力为了想象中的“原生态”，要求别人生活在落后的环境之中呢？科塔克教授即将告诉你的答案是：并没有。

---

1 以上引论通常要求用一或两个和日常生活有关的话题（比如，巴西足球、农家乐）引出著作，然后在极短的篇幅中介绍著作主题、作者，以及读者在收听后可能的“收获”。

2 直接用不超过四个要点概括全书内容，不要求全面，只要求让收听者明确。

20 世纪 60 年代初，科塔克就来到了巴西，他当时是哥伦比亚大学的一名本科生，专业学的就是人类学。人类学这门专业，主要研究人们在世界各种自然环境中，发展出来的有趣的文化。他被派到巴西的原因是，当时机械化的现代捕鱼业正在兴起，可能过不了多久，传统时代的渔民生活就会成为历史的遗迹。而沿海的捕鱼业又是人类历史上非常重要的一种生活方式。所以，他的导师们决定让年轻的科塔克同学组成一个小团队，来到巴西东北部巴伊亚州一个紧靠大海的村庄，深入了解“原生态”的渔民生活。这个村子的名字叫阿伦贝皮，为了叫起来方便，我们就管它叫“皮村”好了。

科塔克教授在 40 年里，来过皮村许多次，总共可以分为三个阶段，分别是 60 年代、70 年代和 80 年代末。每一次来访，皮村都给了他对原生态不同的认识。我们先来看看他第一来到皮村时的感受。

皮村给他的第一印象，真的是个风景宜人的好地方，出门就能看大海，椰子树下海风拂过，好不惬意。村民友好淳朴，待人特别热情。这个村子的“原生态”之美可以用书中这样一段描写来概括：

> 这是我能想象到的最美的田野风光。……阿伦贝皮的房子漆成蓝色、粉色、紫色或橙色，边上立着高高的椰子树。房子北边是广垠的银沙滩，以及由大大小小的石块和大西洋海浪包围的游泳区。八月晴天下的阿伦贝皮流光溢彩：湖蓝色的海洋和泻湖，橙红色的墙砖和屋瓦，粉色和蓝色的房子，绿色的棕榈树，白色的沙滩。每到星期天还有夜晚时分，中心广场和白色的天主教堂东边，各种颜色的渔船泊在港口。码头由水中或隐或现的大块礁石组成。每个清晨，渔船驶出狭窄的港湾，扬起阳光炙白的风帆，向一天的目的地启航。

如此美丽的海滨村庄，的确拥有我们能想到的最美的景色。然而，这一切丝毫不能掩盖这自然风光之下真实存在的很多“原生态”的问题。

首先，当地不受外界干涉的美景，同样代表皮村和外界的联系非常有限。连接皮村和最近城镇的道路非常糟糕，完全没有经过水泥硬化，直接就是靠着车辆行驶轧过形成的土路。这给刚到这里的科塔克留下了深刻印象。当地位于海边，涨潮形成的泻湖还经常淹没道路，要来到皮村，吉普车常常要在没过轮子的大水中淌过。大水浸泡常常导致车辆刹车失灵，一不小心就会冲入当地的泥土房子。

其次，皮村的卫生状况也相当糟糕，附近的淡水湖泊，既是人们获得淡水的来源，清洁洗澡的地方，也是牲口饮水之所，甚至生活污水排放的出口。让科塔克最难以忘记的一次，是他不顾卫生专家的告诫，进入有血吸虫污染威胁的湖里洗澡，然后被水里漂来的一坨驴粪打败。这坨近在咫尺的驴粪，彻底断绝了他再去湖中洗澡的念头。

最后，当地的教育、住房、医疗状况也很差。而这些归根到底，是缺乏稳定经济收入。当地的渔业是主要的收入来源，但是因为交通条件很不理想，这些本地渔业的收获只能在本地消化。在没有冰箱的时代，新鲜捕获的鱼类，还来不及送去城市就会坏掉。所以哪怕是当地最最勤劳、对生活最有规划的渔民也只能勉强保持温饱，不能给自己的家庭带来更多改善。而这些经济上的匮乏，又在教育、医疗等方面给当地人带来多重打击，使这些生活在南大西洋海边天堂中的村民，成了天堂的弃儿，过着不尽如人意的生活。

差不多为时一年的调查结束后，科塔克同学就回到了哥伦比亚大学，继续自己的学业了。但这段皮村的生活经历给科塔克同学留下非常深刻的印象，美丽如画的南海天堂，每当月圆之夜，沙滩和水面反射出的月光使整个村子恍如白日。年轻人涌到街上，或是在沙滩上浪漫，渔人在礁石下寻找章鱼和“龙虾”。这样一种魅力无穷的景象确实吸引了这个习惯有电和人工城市环境生活的青年，成为本书标题中“天堂”一词的来源。

但是，在这个村子中生活的时间，也让科塔克摆脱了许多走马观花一样的观光客对原生态的想象。当地落后的生活状况让他觉得这里的村民生活非常艰苦，和美国的城市生活无法相比，他由衷地希望当地人的生活能得到一些大的改善。所以在之后的十年里，他不断和当年帮助过他的村民保持联系，提供帮助，希望他们过上更好的生活。然而，这一切又即将引出本书标题中的另一个关键词。

在说到科塔克教授的第二段皮村之旅前，我们先回顾一下本书告诉我们的第一个重要内容。真正的“原生态”，虽然有着让人难忘的自然美景，但这种纯粹的自然对当地居民并不友好。如果你是一个真正关心自然的人，你一定不忍心为了自己片刻的美景，牺牲当地居民的生活选择。当然，要真心接受这种选择，也并没有我们想象的那么简单。[1]

那么接下来，我们就要谈到本书的第二个要点：为了拥抱美好的生活，我们要允许“原生态”在发展过程中的不完美。

在结束1960年代的考察后，科塔克同学对皮村保留了一种复杂的感情，一方面这里成为他想象中天堂景象的源头，另一方面，他也对这里可怜的状况于心不忍。

于是10年之后，已经从哥伦比亚大学毕业成为密歇根大学教授的科塔克，带着这些当年的记忆，率领另一支调查小分队，又来

1　这里就开始了典型的三段论样式，把要点一一填充，每一个要点要用明确的一、二、三标示出来。

到了巴西，回到了皮村，想看看当地人的生活有没有更大的变化。

没想到这一次的来访，让他的心情更加复杂。巴西的现代化道路，给皮村的生活质量带来一定提高，很多村民有了用液化气的灯具和炉具，以及厕所、淋浴和冰箱等“现代化”设备；学校也变得更大更新；当地也有了常设的药房和药剂师。有些渔民开始购买使用柴油的机帆船，可以到更远一点的海域捕鱼，然后通过冷藏车运送到附近的省会城市，获得较高的经济收入。

但是皮村的其他方面也在科塔克眼中变得不那么“原生态”了。首先，在1960年代席卷欧美的“嬉皮士”运动中，皮村这个人类学家眼中南大西洋海边的天堂，一举成为时代的宠儿。滚石乐队的主唱米克·贾格尔，好莱坞著名导演波兰斯基，以及著名嬉皮士歌手詹尼斯·乔普林都成为到访皮村的著名人士，随后带来了大批受到吸引的嬉皮士前来皮村定居，享受当地自然美景。

其次，巴西与外资合办的一家大型化工企业，也在皮村不远的海边建立起来。挖出来的土方堆积在路边，没人管理，让原本平整一望无际的沙滩现在看起来到处坑坑洼洼。还有，新兴的工厂缺乏环保意识，排污管道和工业废料都对皮村本地生活用水的河流、用来捕鱼的近海海域造成了污染。而且因为游客的关系，原来每年来皮村海滩边产卵的海龟，现在也受到了威胁。

最后，在科塔克眼中，最重要的一点改变，或许还是当地人的生活。过去所有男性在捕鱼业这个传统行业贡献青春。现在他们有的在化工厂上班，有的就在村子里开设小商店。而妇女们有很多都在家里制作小纪念品，提供给经常到这里来度假的城里人或者外国观光客。

人类学家就像专业的嬉皮士；嬉皮士就像业余人类学家。科塔克在书中说出了当地人的心里话，“我希望这些业余人类学家离开阿伦贝皮。我希望这个村庄是为真正的人类学家们而保留的”。

像所有的单纯热爱原生态的普通人一样，科塔克也遇到了自己的困惑。我们可以发现，对之前的调侃“你们现在这样的生活特别好，千万不要走‘现代化’的道路，过上现代化生活以后，好山好水都没有了”，原来大教授也有同感。

在科塔克心中，去工厂做工和在家做小纪念品，开设小商店，都是皮村人被现代生活束缚的结果，这些导致他们放弃了原有的让他无比怀念的捕鱼生活。而那些外来的游客，不但使得这个村子人满为患，失去了当年只属于他一个人的村子的感觉，更给村里人带来太多复杂的关系，所有这些是他不愿意看到的。

于是他痛苦，逃避，甚至许久没有回到他当年的“天堂”，直到一位村民向他发出重访的邀请。他终于有机会重新站在村民，而不是外来人的角度，重新了解了皮村这些年的变化。村民朋友告诉他，化工厂带来的改变并不全是坏事。虽然工厂在几年间改变了当地的环境，但工厂同样出资铺设了村子通往城市的道路，这既方便工厂自己的运输，也彻底解决了皮村许多年来糟糕的出行难问题。而且化工厂开设的诊所为村民的健康也做出了很大贡献。为了培养合格的工人，这家大型企业还资助村民子女的教育，希望他们在学成后有机会为工厂服务。现在在环保组织的参与下，工厂排污问题也得到彻底改善，海滩和小海龟们又重获生机。

同样的事也发生在那些从城里或国外慕名而来的游客身上，他们拓宽了皮村人的视野和联系，也给村里人提供了重要的旅游收入。科塔克当年最好的朋友，是个年老的渔民，他上了 50 岁以后，就不能再出海捕鱼，自己的收入就逐年下降了。但因为皮村旅游业的兴起，这位老伙计也开上了自己的店铺，在自己暮年时期升级成了有产有业的老板一族。在自己的家里和村里都比过去有了更高地位，更多尊重。

看到当年这些老朋友，并没有被发展的潮流淹没，而是收获了人生的第二春，科塔克教授终于放下了自己大教授的执念，重新拥抱了皮村的海滩，这里不再是他幻想的“逝去的天堂”，而重新变成了海平面上新一轮朝阳。

反思自己好几年里因为皮村变化而远离老朋友的愧疚，科塔克教授决定在自己的学术生涯的第四个十年中再为皮村贡献一些微薄之力。在这之前，我们可以先回顾一下书中提到的第二个重要内容：为了拥抱美好的生活，我们要允许“原生态”在发展过程中的不完美。

在皮村的发展过程中，外来游客涌入、嬉皮士运动，以及大型化工厂的开设都是皮村经济得到发展的契机。在发展之初，规划、布局、调整，等等，都会出现一段时间的适应过程。如果我们不巧在这个时间来到皮村，看到改变中的大工地，很遗憾，这的确会让人错过最美丽的海滩。然而，对于当地生活的居民来说，这是值得等待的改变，毕竟任何一个外来的观察者，哪怕人类学家，都比不上当地村民更有资格发表意见。你看，皮村经过二十年发展，所有的文化没有中断，村民的生活都有大的起色，说明当年的不完美，只是暂时，这是一段对得起我们等待的发展过程。

好了，我们接下来要说《远逝的天堂》的第三个，也是最后一个要点：如果想要留住真正的原生态，请你一同经历它的改变。

经历了与皮村许多年的分分合合后，科塔克教授也从普通教员变成了功成名就的美国科学院院士。他作为见证人，在过去的三十年里，目睹了皮村从一穷二白，只有沙滩蓝天，无人知晓的海边渔村，变成了百废待兴的发展中的大工地，到后来人满为患的旅游胜地。科塔克现在决定为皮村再尽一份微薄之力，继续延续和村民们的友谊，把情感的纽带继续延伸到下一代身上。

这时科塔克带着他 19 岁的儿子尼克，又回到了皮村，这一次他们带来的是一个全新的项目，名叫“巴西生态保护意识的出现”。

尼克从小就在皮村长大，后来才和父母一起回到美国读书，他对这里的感情和父亲一样深厚。他还记得当年村里最喜欢他的老渔民对他像儿子一样，给他去礁石底下捕捉龙虾过生日的事情。但就是这位老渔民因为家庭贫困，失去了一半以上的孩子，自己也在老年时因为环境等因素得了肺癌去世。

为了促进皮村更好地发展，尼克有着和父亲一样的愿望，要让皮村走上经济健康和美丽自然环境并存发展的道路。在他们和其他热心人士的努力下，皮村的工业化彻底被旅游业取代。这里的沙滩和椰子树，在互联网上成为巴西旅游业的标志。当地的海滩成立了保护海龟产卵的公益组织。现在来这里冲浪、近距离观察海龟，成为吸引游客的项目，更成为当地引以为豪的新标签。

在 21 世纪之初，皮村当地已经开设数家私立和公立学校，包括私立幼儿园，教育水平继续提高。当地的孩子可以顺利升学，进入萨尔瓦多市的大学。皮村早已告别土路时代，不但有了精心设计图案的石子路，还有了足球场，可以让新一代皮村孩子在大海边飞奔。这种在改变中的延续，或许也是巴西这个足球王国长盛不衰的原因吧。

在海滩和椰子树旁，又见湖蓝色的海洋和泻湖，橙红色的墙砖和屋瓦，粉色和蓝色的房子，绿色的棕榈树，白色的沙滩。这就是科塔克当年第一眼看到的阿伦贝皮的模样。

欣赏完这个巴西海滨村庄的美景，我们就正式了解了这本书的第三个要点，如果想要留住真正的原生态，请你一同经历它的改变。从科塔克教授家两代人的经历中我们可以清楚地看到，他们和皮村一同成长的故事，不但和这里的村民结成了朋友，还参与到村子景色的实际改变中。他们用自己的行动证明，只要自己动手，绿水青山最终会常驻此间。

好了，告别这个巴西小渔村，《远逝的天堂》这本作品也讲得差不多了。接下来，我就为你总结一下今天的分享：首先，我们讲到了原生态到底是什么，我们有没有权力为了想象中的“原生态”，要求别人生活在落后的环境之中？从书中我们看到了原生态的魅力所在，但这并不代表着完美无缺。通过科塔克教授的经历，我们发现原生态之下还存在许多问题，有经济方面的，也有生活方面的，我们没有资格为了自己的喜好，剥夺他人追求现代生活的权利。[1]

接下来我们又讲到，为了拥抱美好的生活，我们要允许原生态在发展过程中的不完美。每个地区从最初简单而且简陋的自然环境，变成适合人居的现代环境，都需要经过一段时间的改变、改造修缮。事实证明，这些改变的过程虽然并不完美，可能还有缺憾，但值得等待，因为这会为我们重建一个美好的新生活环境。

巴西的故事对中国也很有启发，我们的国家，也走在发展的道路上。城市一发展，基建、交通、卫生、教育等问题就会冒出来。但是问题并不会束缚发展的脚步，阻碍我们建设美好生活的尝试。而且只有经历这个过程，我们才能拥有更适宜的现代生活。

最后，我们讲到了，如果想要留住真正的原生态，请你一同经历它的改变。通过科塔克教授两代人的故事我们看到，真正的原生态，美好环境不代表一成不变，也不是观光客动动嘴皮子就能得到

---

1 最后，再把要点回顾总结一遍，并且结合现实谈谈启发。这样，相信聪明的你，也会迅速掌握这种“说书稿”的要诀。不过，究竟是选择“鸡汤学”还是你所钟爱的“人类学”，选择权还是掌握在每个作者自己手中。至少对我来说，这篇文章中的每一句话都发自我的内心。

的。它需要每一个热爱乡村、热爱自然的人的共同参与。与其看着环境恶化心中恼火，不如自己动手，踏实肯干，才能找回我们逝去的那个自然天堂。这也是作者在书中要跟我们每个人分享的人生真谛。

图书在版编目（CIP）数据

与人类学家同行 / 张经纬著. -- 北京：社会科学文献出版社，2019.12
（九色鹿）
ISBN 978-7-5201-5247-1

Ⅰ. ①与… Ⅱ. ①张… Ⅲ. ①人类学-文集 Ⅳ. ①Q98-53

中国版本图书馆CIP数据核字（2019）第164042号

·九色鹿·
与人类学家同行

著　　者 / 张经纬

出 版 人 / 谢寿光
责任编辑 / 郑庆寰

出　　版 / 社会科学文献出版社·历史学分社（010）59367256
地址：北京市北三环中路甲29号院华龙大厦　邮编：100029
网址：www.ssap.com.cn
发　　行 / 市场营销中心（010）59367081　59367083
印　　装 / 北京盛通印刷股份有限公司

规　　格 / 开　本：787mm×1092mm　1/16
印　张：19.75　插　页：1　字　数：236千字
版　　次 / 2019年12月第1版　2019年12月第1次印刷
书　　号 / ISBN 978-7-5201-5247-1
定　　价 / 68.80元

本书如有印装质量问题，请与读者服务中心（010-59367028）联系